Shopping Queen

ON AIR

2023 · KARL LAGERFELD · NEW YORK

VISITING

2023 卡爾・拉格斐 品牌紐約總部 特邀

Beach Holiday

VISITING

2023 MET GALA 特展邀約

2023 員工旅遊 杜拜 ◆ TRIP ◆

HALO MAVIS

姐只想超越自己
SHOPPING QUEEN 的勸敗人生

Written by
瑪 菲 司 （ M A V I S ）

勇於突破，
以熱情激勵人心

HALO MAVIS

郭銓慶

力麗基金會　董事長

　　一路上看著 Mavis 從一個小丫頭到長大，從年輕叛逆時期到現在的所有成就，經過許多風風雨雨，也慢慢成長茁壯，覺得一個小女生從兩手空空拚搏到成家立業，甚至撐起一整間企業，無論外面的輿論怎麼看待，但在我眼裡這一切都是不容易的。

在新媒體興盛的時代，好像不管什麼事情都可以看起來很容易，不就是發發文、拍拍照、開個直播嘛，但在這背後要努力跟操心的事情可得要有多少，你要去經營品牌關係、找到可靠的進出口物流、還要培養粉絲的信任感，而這些累積沒有一個項目是一天或是一個月就能達到的。

時代真的不一樣了，以前一手能撐起一個企業的一眼望去都是男生，現在不一樣了，像 Mavis 這樣的女生，同時又是老闆又要兼顧家庭、小孩，同時營業額又要每年不斷努力突破爭取更好的成績，我就常常這樣問我的下屬，你做得到嗎？

我在這裡要推薦那些你可能對電商產業還不了解的、現在你希望要開拓自己事業的、或是你覺得這一切看似很輕鬆的朋友們，一起來看看這本書，一百個人當然就有一百種想法、一百種意見、甚至是一百種批評，但要如何讓你的發言跟指教也都有價值及具有參考判斷標準，那就從先了解這個人開始吧，否則也就僅是流於表面的酸言酸語而已。

最後，也希望這個認真努力、對事業充滿熱情的小女生在未來有更豐富的作品，帶給大家更多激勵人心的故事。

破蛹而生的美眉，
是最美的蝴蝶！

HALO MAVIS

吳宗憲
亞洲綜藝天王

真的是看著瑪菲司長大……

星星之火可以燎原，小小願望有機會實現！

絕處逢生才是人生最精彩的劇情！

看著她《黑澀會美眉》的小時候，慢慢長大到結婚生子，到擁有自己的事業⋯⋯

那一天，在我的節目裡面再次相遇，心裡面還有很多的感動！

我就多嘴說了一個：「那我去上你的直播！」

我們播了四十五分鐘，我帶了我的嘔心瀝血之作～卡拉轟天雷！也讓我的收官弟子 Miusa 現場演唱；就四十五分鐘，竟然就做了五百萬的業績！

她已經不再是當年的黑澀會小女孩；她已經是位商業界奇才了！

是個脫繭而出的漂亮蝴蝶！

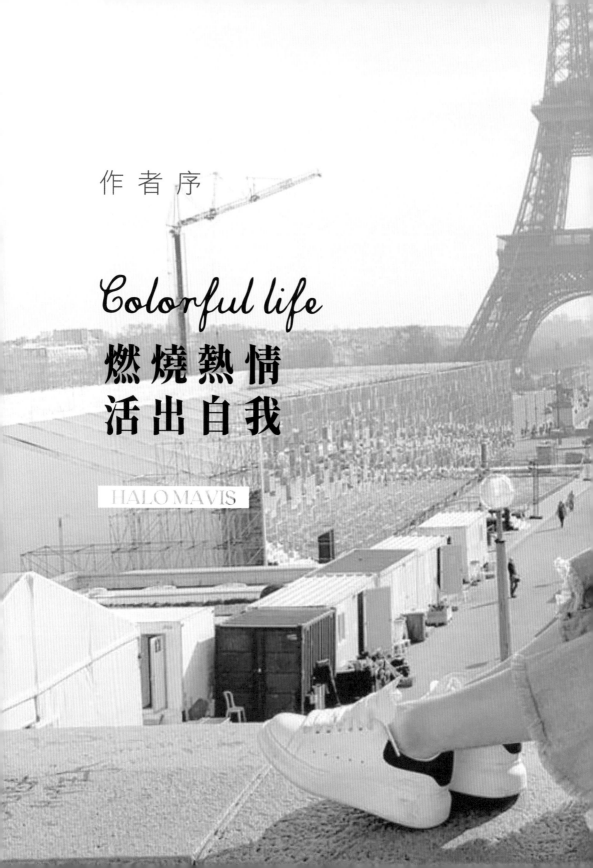

作 者 序

Colorful life

燃燒熱情
活出自我

HALO MAVIS

燃燒熱情
活出自我

　　每個人的人生都充滿了可能性，只要你願意，便能創造
出無限的未來。

　　這是一個直播蓬勃開展的年代，儘管多數人對直播仍存
有刻板印象，認為直播是件輕鬆簡單的工作，只要穿得光鮮
亮麗，在鏡頭前擺擺樣子、說說話即可；甚至有人認為，直
播就是要情緒激動、言語浮誇才叫直播，更有人覺得直播賺
錢很輕鬆，根本沒有專業可言……但只有身在其中並且竭盡
所能做到最好的人，才能夠體會到——要看起來毫不費力，

必須得付出多大的努力。

　　欣賞過芭蕾舞表演的人往往會因為舞者在空中輕緩劃過的跳躍動作而讚嘆其肌肉力量，卻鮮少人知道，芭蕾舞者之所以能夠在空中維持優美的平衡，是因為其雙足奮力以細微難察的幅度不停地快速舞動，舞者優雅的表情、身姿與動作，讓觀眾誤以為──舞者只要輕鬆一躍，便能成就經典畫面。但我們都知道，這世界上沒有奇蹟，只有汗水與累積，直播也是如此。

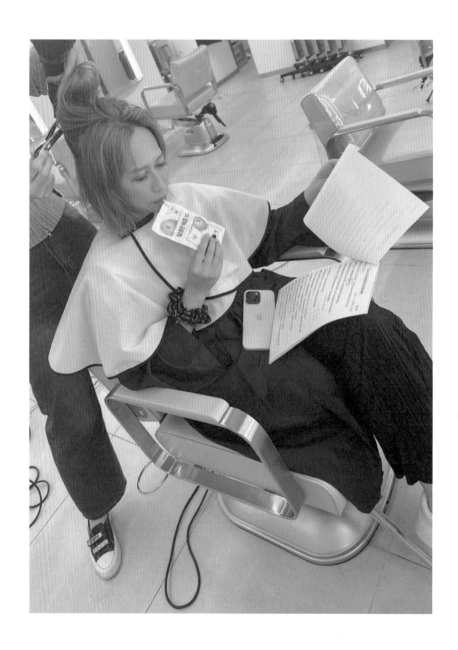

姐只想超越自己

「一場成功的直播，主要取決於主事者選品的態度，而不在於舌燦蓮花的話術。直播並不是一項按表操課的演出，而是真誠的分享。」自始至今，我們始終堅持不操短線，更不賣沒有試用過的產品，因為誠信是一切的根基，商譽比生意更重要，我自詡必須站在第一線為消費者嚴格把關——這是我的使命。感恩長期累積出的信任與客戶良好的反饋帶來更多的回購與轉介紹，所以有了今天的 H&M（HALO MAVIS）。

H&M 能走到如今的規模，並不是一蹴而就的，背後承載著所有人對這份工作的敬業付出，可以說 H&M 的直播是由一枚枚小螺絲嚴謹架構出來的，唯有所有工作人員、貨品處理專員以及客服等個人及團隊對於當下在做的事情瞭然於胸，合作無間，才能讓一場直播代購完美呈現。

直播有很多面向，每個人都可以擁有自己的風格，但要做到細水長流，全方位兼顧是非常重要的。誠如母親所耳提面命的，不管生意做到多大，或者到達了哪個高度，都要「莫忘初衷」。即便今天 H&M 在業界已經有了一定的指標地位，我也時刻僅記母親所提醒我的三件事：保持初心、承擔社會責任，並永遠愛惜羽毛。

所謂的初心是當初為何要做這件事的理由，是那股即使

拖著疲憊不堪的身心都要起身完成這件事的衝勁。在低谷的時候要抱持初衷與本心，成功的時候更是要記得當初如何為這件事付出，記得永遠要感謝那個咬牙走過的自己。

　　懷著熱切又忐忑的心情出版了自己的心路歷程，這本書是我人生的一個紀念，更是燃燒熱情活出自我的印記。期待能藉由這本書將自己的心路歷程與故事跟讀者分享，讓所有讀者能夠了解直播光鮮亮麗背後的真實面貌，同時藉由提供直播的經驗與心得，讓有志從事這一行的讀者朋友能夠有所參照，書中更分享了我們一路走來的所得到的成長與思維，希望走過的坎坷與艱辛所滋養的一切能夠成為陪伴讀者們邁向美好未來的力量。

　　同時，這本書也寫給對未來感到迷茫，仍在找尋方向的你。你我都不是一生下來就知道自己未來的人生定位，何妨就按照自己的心意，勇敢地去做自己想做的事情吧！萬事起頭難，即使看不見遠方，當踏出了腳下的那一步，踏實往前，日後回顧便不會後悔自己所做的決定，甚至會感謝當初那個願意勇敢踏出去的自己。誠如當初若未能跨出第一步，就沒有今天的 H&M，在堅持直播的這條路上，我不曾後悔。

　　我始終認為，真正令人懊悔的並不是努力的結果不如預期，而是那個不曾為夢想拼搏過的自己。

最後，書末我分享了自己近期跨足了演藝圈，成為演員與歌手出首張 EP、拍攝歌曲 MV 與參與首部電影拍攝的經驗。我想告訴大家的是，女性不是只能擁有一種角色，我們可以擁更精彩的人生。世界有多大是我們自己可以決定的，相信自己，更要相信我們擁有實現夢想的力量！我們可以是媽媽、是直播主、是創業家、是歌手、是演員……可以是我們想成為的所有「可能」！

　　你我都值得為自己奮力一回，讓我們一起將人生的「可能」放到最大！

瑪菲司 Mavis

目 錄

01

Dreams
夢想的起點

HALO MAVIS

1.1

找到生命的
熱情所在

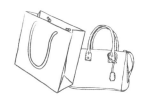

傾聽內心的聲音，
覺察生活的樣貌。

如果這是天命，
你一定會聽到它呼喚你的聲音；

如果這是最愛，
你一定會在生活中發現它的蹤跡。

Mavis & H

媽 媽 送 的
十 八 歲 大 禮

找 到 天 命 的 契 機

　　人並不會天生下來就知道自己想做什麼，而是透過生活中感受到一點一滴的喜悅與滿足，讓我們慢慢清楚自己心之所向。我們所做的事情與思維方式會逐漸堆疊出心中「最愛」的身影。在這我講的不是愛情，而是燃燒生命的熱情所在。如果說我的天命有跡可循，那麼最初的記憶，應該就是那個被我賣掉的十八歲大禮。

　　在十八歲的那一年，我的母親送了我一個 GUCCI 的書包作為上大學的禮物。哇嗚！是 GUCCI 欸！對，很多人都是這樣的反應，更不要說在那個大學生多數是背著運動後背包或大麻布托特包上課的年代。能背著媽媽送的「成年禮」上學，對我來說當然別具意義。每次揹著它出門，都覺得肩負了媽媽的愛與期待，所以我每天都開開心心地背著這份「厚重」

的大禮上下課，絲毫沒有覺得有什麼不妥的地方。

不得不讚美一下我媽的眼光，那個包包真的很美，現在回想起來都還是會覺得好好看，但是在新竹的山上學校背著那樣的名牌包，坦白說，壓力山大。當時的我並沒有什麼名牌光環加持的驕傲，卻飽受了同學投以「台北來的女生」之異樣眼光所造成的困擾。從同學們的角度看，覺得台北來的女生很高傲，竟背著那麼顯眼的書包到處招搖，很扎眼；而我又渴望能跟大家打成一片，想說不要太過高調，但真的很難，背著一個 GUCCI 書包的大學生怎麼也低調不起來。

於是在承受了大家一個學期的「關注」與指指點點之後，我看著眼前的 GUCCI 書包，做了一個多數人都不會做的決定──把它賣了！我把我媽送給我的十八歲大禮賣掉了！我用兩萬多塊錢將它賣給了一個大傳系的學長。

想到可以從此之後可以不再被關注，又可以用賺來的錢買很多自己喜歡的東西，我簡直開心的不得了。儘管我媽知道了這件事後，當然超級生氣，但我就像是經歷了一個神奇的儀式一般，彷彿身上有個開關被開啟了一樣，開始熱衷起賣東西這件事來。

姐只想超越自己

賣上癮了

之後我又陸陸續續把家中閒置的東西挖出來賣掉，可以說是坐實了那句：「什麼都賣，什麼都不奇怪」的拍賣網站廣告詞。我甚至將阿姨送給我的香奈兒手環也賣掉了，而且還賣得很便宜。因為年輕時的自己還沒有正式接觸精品，並不知道精品的價值，所以用一千五百塊的價錢賣掉原價一萬多塊的物件，更用原價三分之一不到的價格賣掉了我的 GUCCI 書包。現在看來，大家或許會覺得當時的我真傻，我也同意；但不可否認，這樣的買賣經驗，讓當時的我體驗到了買賣的快樂，也開始覺得自己可以弄出一點不一樣的東西來。

感謝媽媽很愛我，很捨得將最好的給我。雖然我十八歲的禮物超過當時一般大學生的想像，但我並不是富二代，也沒有銜著金湯匙出生，妥妥實實是個一般的女大學生，要想繼續買賣，就得先從自己身上想方設法。

大學女生最愛買衣服了，既然什麼沒有，就屬衣服最多，於是我動了想和朋友一起將自己的穿過的二手衣上網拍賣掉的念頭，兩個人就開始試著在無名小站貼文，PO 一些自己的二手衣跟飾品，看能不能賣掉。沒想到，生意之好遠遠超過最初想像。

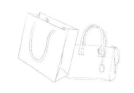

　　後來我仔細爬梳當時生意好的原因，有一半當然是因為女大學生沒有什麼收入來源，購物總是抱著能省則省的心態，當然品質良好的二手衣物對她們來說就具有相當程度的吸引力；另一半則是因為我不只是賣單品，我還賣配套，也賣方法，我的「巧思」讓自己的拍賣更有亮點，能夠被更多的人關注與討論。

　　通常大家在做網拍的時候，想賣飾品就拍飾品，要賣衣服就單拍一件衣服上傳到網站上，雖然飾品很美，衣服也很漂亮，但對於很多人來說，沒有畫面就無法想像，就算買了也不知道要怎麼使用這些物件，自然就不會想要購買。

　　換作是我，如果要賣飾品或者包包，我會搭配衣服，然後站在鏡子前面自拍上傳，這樣的效果出奇地好；我給了客人具體的畫面，讓他們知道這樣的服飾穿搭之後會是什麼效果。我並不是單純地只想賣掉物件而已，我還會提出各種穿搭建議，希望每個買到我衣服或飾品的客人都能夠開心地使用它們，穿搭出最美的自己。

　　由於很多人都喜歡我的搭配方式，我的貼心讓他們可以不用再花腦筋費神搭配，等於說我提供了一個「食譜」，照著做就可以有美美的樣子「出爐」。他們也樂於成套或整組購買，所以我的拍賣生意一直都很不錯，而且 "Practice makes perfect." 是鐵律，我不只幫助客戶，我也從中磨練出更多的拍攝技巧與穿搭的模式，正向循環之下，拍賣豐盛了我大學四年生活。

★ Mavis Says：

你也想要做網拍嗎？
請切記！讓思考更全面。
穿搭的巧思讓單品變得更具吸引力！

單拍飾品或許可以凸顯細節與特色，MAVIS 建議初試網拍或代購的讀者們，可以試著用穿搭來凸顯單品的特色與搭配性，讓單品更具賣相，這樣做的優點是：

1. 當顧客對產品有畫面，就可以增加購買的欲望。
2. 解決了部分顧客想買飾品，但是又不知道要怎麼搭配的困擾。
3. 顧客的回購率會因以上兩點變高。

當我們願意為客戶多做一點，客戶心中的感受就大不相

同。對他們來說，他們買回去的不單只是一個飾品或一件衣服，而是未來成為美好自己的可能性。這麼做對行銷的效益則是讓產品組成一個 team，打團體戰，互相拉抬輝映，而不是單打獨鬥，只憑一己之力搏客戶的眼球。

Mavis & H

勇敢向虛幻的夢想 說不！

迎向內心的招喚

我一直是個很清楚自己要什麼的人。

從小我便夢想將來有一天能夠成為一名記者，所以我選擇了新聞系就讀，等著就是大學畢業的那一天，在跨出校門之後，我的夢想能成真。我用大學四年的時間涵養了我的專業，同時也投入心力在新萌芽的興趣上，磨練出第二項網拍專業。

新聞系的畢業生在大學畢業之後，必須要到新聞相關單位實習，但是實習的機會不是離開校園就有，我們必須等待。沒有人喜歡等待，尤其我是個靜不下來的人，等待的時間總是特別難熬，那何不來擺個攤？想到就馬上做，我和當時的男友開心地批了些女生的小物件，就在敦南二十四小時的誠

品書店的門口擺起攤來。

　　因為是做著自己喜歡的事，所以時間過得很快，就算是要過著躲著警察的日子，也覺得甘之如飴，當時的男友甚至得站在路燈下負責替我把風，看看警察有沒有來，我更要眼觀四面、耳聽八方，確保自己能賺到錢，還能全身而退；再怎麼樣，擺攤賺的都是辛苦錢，不能輕易付諸流水。

　　日子一天一天過去，我開始從抓一漏三到可以游刃有餘地關照所有來看貨的客人。

　　「這很適合你欸！」「看看喔！都很便宜！」我就像裝了金頂電池一樣，熱力四射地在攤子前面招呼客人，一邊幫客人挑選適合的物品，一邊俐落地拿貨、擺設，還能從容優雅地跟圍過來的客人打招呼。

　　有一天，忙著拿東西的我，意識到攤子前面站了一個人，他只是靜靜站著，我也以為就是個尋常的過路客，我下意識地想要招徠客人，抬頭一看，卻愣了一下，我沒想到眼前站著的是自己大學的同系學長，他定定地的看著我，眼睛裡寫了一點點同情，我甚至可以讀到一點點的難過。

　　「學妹，你有必要過成這樣嗎？」當下我抱以不失禮貌

的尷尬微笑。聽到他那樣說，坦白講，當時我的心，真的刺痛了一下。我沒想到自己樂在其中的事情，在別人眼中居然是種堪稱可憐的生活模式？再怎麼講，也是個大學畢業生，怎麼會混到需要擺攤度日？

但我真的沒覺得這有什麼不好。我做我喜歡的事，覺得很快樂，能夠讓別人快樂，我也很開心。所以，我並沒有因為學長的話難過太久，這樣的感覺瞬間一閃即逝，馬上就被我當下的喜樂秒殺。

後來的我回想起這段經歷，反而很感謝學長當初的那一句話，讓我清楚體認到──原來我這麼喜歡賣東西！可以喜歡到不管別人說什麼、怎麼看待我，我還是要繼續，因為這就是我想做的事！當最愛走進生命，能夠做自己喜歡的事，堅持是再自然不過的事。

跟很多人相比，我確實很幸運，能在年輕時早早開啟自己的天賦，認清自己喜歡什麼，想做什麼，縮短了人生許多耗費在「試誤」的時間成本，而能專心致力在自己有成就感的領域。

不過有時候，努力有時候不見然會帶來想要的結果，就像想去高雄卻把車往台北開一樣，就算踩足了油門，也到不

了目的地。所以，知道自己不要什麼，遠比知道自己想要什麼更加重要。至少，這樣可以確保自己在人生路上的努力到最後不會是誤會一場。

誠實面對自己

大學時我選擇了最想唸的新聞系，以為只要按部就班讀完，就能實現自己從小到大抱持的夢想，所以對未來並沒有太多其他想法，一心只等著畢業那天到來。好不容易四年大學讀完，離心中的夢想只有一步之遙的距離，卻在我跨進去之後才發現，自己長久以來期待的原來並不是我想要的，這對一直堅信且懷抱記者夢的我而言，是一種很大的衝擊。

所謂的夢想，畢竟是虛幻的，往往充滿了美好的想像與期待，但是等到真正進入了新聞圈，這才發現這個產業的環境生態並不是自己想要的，自己並不適合這樣的工作；所以在實習結束之後，便毅然決然地放棄了成為記者的夢想。

如果不是當初鼓起勇氣果斷放棄，我現在可能還是個線上記者，處在自己不適應的環境裡做著自己不開心的事，過著自己不想要的人生，也就沒有後來代購、直播與電商全方面發展的 H&M。

回顧人生，被賣掉的 GUCCI 書包的確是啟發我賣東西的原點，可以說，若沒有那一回的體驗，就沒有後來的 MAVIS。雖然現在想起來，實在有點後悔輕易賣掉它，後悔的不是我賣得太便宜，而是因為它真的很有紀念價值。然而，換個角度想，也正是因為賣掉了它，這個媽媽送我的十八歲大禮遠遠超過了書包本身的價值與意義，它點燃了我的熱情，影響了後來的我擁有了一個完全不同的人生。

　　或許每個人都需要一個決定性的關鍵來觸發自己，但是你無須像我賣掉一個 GUCCI 書包才能清楚自己要做什麼，因為有時候，知道自己「不想要什麼」，遠比知道自己想要什麼更重要。

　　如果現在的你還不知道自己想做什麼，也還沒有看到真愛的蹤影，不要心急，就算是還在就學中，對於前途感到一片茫然也好，或者是正處在待業狀態，對人生感到徬徨與不確定都沒關係，有時候等待不是為了只是等一份好工作而已，而是等待一個更真實的自己與最適合的人生。請靜下心來仔細觀察，是否有那麼一件事情，不管在任何的時空背景或環境之下，你都願意做，而且做得很開心，那麼這件事情或許就是一個 hint，可以帶你找到最愛的天命。

　　別擔心，人生沒有「太慢」這件事，夢想永遠有被實現

的一天，但前提是我們要夠了解自己。覺察自己做什麼會快
樂，了解自己不能夠接受的點在哪，確認自己的追求是自己
真正的期盼。

　　真正的夢想不是虛幻的，而是從現實中慢慢一點一滴成
形的。如果你也和我一樣，夢想成為人生的實踐者，做自己
最喜歡的事，過自己最喜歡的生活，那麼，勇敢向虛幻的夢
想說不，朝著自己想做的事情邁進，真實地去體驗生活，感
受快樂，就能找到自己一輩子抱著不放的真愛。

　　追夢之前要充分了解自己。無論心中的招喚是什麼，就
算有人反對，也沒有關係。相信很多讀者跟當初的我一樣，
會面對許多外人用他們的思維與視角來評判我們所為，不要
難過沮喪，反而要開心，因為那就是檢視自己的最佳時刻，
如果確定縱然有千萬人都反對你，你還是義無反顧的要往那
個方向去，那麼無須懷疑，這絕對是真愛。

姐只想超越自己

★ Mavis Says :

你還在尋找自己的方向嗎？

1. 傾聽內在的聲音，積極去做任何會帶給自己
   快樂的事。
2. 勇敢放棄不想要的，把人生留給自己的最愛。
3. 不要在乎別人的眼光，享受自己最喜歡的一切。

1.2

夢想需要星火，
人生需要神助攻

真正的愛是成全。

夢想的火花竄起時，請小心呵護，

火箭的推進需要燃料才能一飛沖天。

第 一 次 日 本 代 購

媽媽是我的神隊友

夢想是美好的，現實是殘酷的。原本，我的夢想就是念好新聞系，然後畢業之後去電視台當記者。就這樣？對！就這樣，沒了！對於未來的人生規劃，我並沒有太多想法，我沒有什麼五年或十年的宏大計劃，就只是很天真的認為自己的夢想在畢業那一天就能實現，所以一直等著那一天的到來。

所有新聞系的畢業生在畢業之後都必須經過實習的階段，這等於是通往夢想的最後一個關卡，只要通過了，我就能夠夢想成真。我在家中等了兩個月才等到了夢寐以求的實習，懷抱著志忑與興奮的心情，我進入了新聞人的領域，但卻發現自己太天真，當時的電台多是名校新聞系畢業的學生，每個人都很有想法，也很懂得把握機會表現自己，能夠得到很多被關注的機會。我並不是名校畢業生，所以，也不會特

別受到主管關照,社會果然跟書本教的不一樣,我就像誤入叢林的小白兔一樣,進入一個超乎想像的陌生世界,每天不斷在刷新認知。這時才真正意識到,自己的個性並不怎麼適合這樣的環境。於是我毅然決然放棄了堅持很久的夢想,開始嘗試做一些別的事情。

支持我的家人

不走新聞這條路,我還能做什麼?總不能畢業就失業吧!所以中間陸陸續續嘗試了一些不同的工作,但也沒有做太久。一個新聞系的畢業生不當記者,那不是浪費了大學四年的學習嗎?我並不這麼認為,誰說大學唸什麼,畢業就一定要做什麼?雖然我也一度覺得新聞系畢業當記者是一種理所當然,但不當記者也沒有什麼關係啊!大學四年新聞系的學習養成,培養了我很多的能力,這些滋養對後來的我並沒有浪費。

很多人總希望人生可以一路順遂,但是,通往成功的第一步,並不是作多麼長遠的規劃,而是要對自己有足夠的了解,並且接受自己真實的樣子。我深知自己的個性是無法被管束的,我很有自己的想法,老闆叫我做 A,我可能會發想出 B 和 C,甚至會覺得 D 比較有效率為什麼不做 D;所以,

我並不會照著主管的命令一字不差的執行，也不會墨守成規，什麼都要按規則走。

因此，我明白自己不適合受僱他人，更不適合朝九晚五的工作型態。我一直很慶幸自己能擁有選擇與嘗試的勇氣，對於不適合自己的，我絕不戀棧，選擇放棄往往比選擇堅持更需要勇氣，身為獅子座 A 型，我很勇敢。

媽媽覺得我既然不想做朝九晚五的工作，那麼就來點不一樣的吧！於是便透過關係，介紹我進偶像劇組工作，當起藝人的助理，這也是我穿搭沈浸式養成的巔峰期。

雖然因為媽媽從事紡織事業，我從小便就在服裝環境中成長，大學也因為喜歡穿搭而開始了網拍，但真正進入到五光十色的演藝圈，每天的工作環境都充斥著打扮入時的同事，來來去去的偶像藝人更是光鮮亮麗，永遠站在引領穿搭潮流的第一線，衣服一定是最炫最潮的，可以說，雜誌裡的穿搭模特兒活生生地走在我的日常生活中。

對我來說，這簡直就是在上時尚進修班，衣著品味與流行敏銳度更是大幅提升。儘管後來我因為不習慣那樣的工作環境而離職，但是，我卻沒有遺憾，因為不管什麼性質的工作，也不管我做了多久、薪水多少，那些都不重要，我看重

的是任職這份工作我所獲得的成長與養分，價值永遠比價錢重要。

離開了劇組，我發現我的血液中，對於流行的喜好更加竄動，那時《ViVi唯妳時尚》日本連線這類流行雜誌正夯，讓我油然升起一股想要到日本的念頭——好想去日本做一次代購啊！好想去！這樣的渴望甚至大過於我對記者夢想的憧憬。

於是我跟媽媽商量，看是不是可以讓我到日本做生意，但是媽媽很忙，常常必須要出國參展，沒有時間帶我去，因此希望我能打消念頭。然而我獅子座 A 型的性格「牙」了起來，既然我好不容易想做的事情被媽媽一把打了回票，那好吧！我就什麼都不要做可以吧！於是，我開始廢得很徹底，每天躺在沙發看電視，什麼都不做。媽媽看我這樣，簡直是驚呆了！從小沒有一刻閒得下來的我居然可以任由自己變成沙發的一部分，擔心再這樣下去女兒恐怕是要廢了！

於是，有一天，媽媽跟我說：「我們去日本吧！」我一聽，立馬從沙發上彈起來！天啊！日本！我來了！夢想需要神助攻，媽媽不僅同意讓我去日本代購，還贊助了三萬元的初期資本，更是拋下一切陪同我到日本去買貨。

姐只想超越自己

1. 不會有一條路直達終點，你必須要不斷嘗試。
2. 人生沒有白走的路，沿途都是收穫。
3. 成功首要了解自己，知道什麼是不要的，就離真正
   想要的不遠了。

▲ 支持我的家人

確 認 最 愛 ——
行 李 箱 塞 滿 了 幸 福 的 糖

甜蜜的負荷

　　飛往日本的一路上我興奮難抑，一直到落地都還能感受到自己澎湃的心跳。我一心只想著要做代購，但沒有特別設定要帶的貨，因為即期性以及折扣檔期，得到當地才能知道真正的價錢，以及有沒有辦法真的幫客人把貨帶回來，所以，只能到當地才找貨上架。

　　我們興沖沖地在日本逛百貨公司，從一樓逛到九樓，一樓一樓地看，看到新奇的好物就立刻拍下照片，上傳到奇摩拍賣網站上做販售。當時很流行日本的糖果，而且，台灣當地除非是一些日系的百貨公司有少量進口，不然根本買不到。很多人對日本糖精緻的包裝與特殊的口味感到很新奇，所以訂購的量很大，我還記得那一趟我們總共賣掉了六千多包的糖果，高興的不得了，但其實仔細回想，糖果的利潤真的超

少，賣一包糖果大概只能賺到台幣五塊錢，就算是賣了六千多包，利潤也剛好只是打平一趟日本的機票錢而已。十足吃力不討好，不賺錢的事你做不做？我做！因為我發現，我好愛！

　　我相信有很多人跟我當初一樣，對未來沒有太多想法，甚至會對不確定的情況感到焦慮，但我覺得人生很短，只能把握每一個當下都盡其在我地去做，至少，嘗試過了會知道自己適合或不適合，如果不知道自己想做什麼，至少從會做的先開始，慢慢就能找到適合自己的。有一句話是這樣說的：「如果做一件事情沒有錢也想做，那麼那就是你的最愛。」我相當的認同。不要怕嘗試，花點時間，就能用餘生擁抱真愛。

　　更好笑的是，因為是第一次做代購，缺乏經驗，以為代購就是去幫人家把東西買回來，因此帶著大大的空行李箱就飛了，當時的代購環境也不像現在這樣方便，我們並沒有去洽談貨運行，單純想說把那些貨放在行李跟包包裡面帶回來。你想想，光是六千多包的糖果有多重就好。我們真的很神經，一趟路程飛去，然後千辛萬苦的把貨扛回來，卻根本沒有賺到錢，但是，我那時候真的超・級・開・心！我跟媽媽說，我下次還要去！

　　這次的日本之行算是我代購生涯的一個關鍵點。因為，從那一次之後，我由衷地發現了我對代購的熱情。星星之火可以燎原，這些年下來，我從跑單幫的代購一路到現在變成了一間公司的 CEO，這是當初的自己連想都不敢想的。

　　投身代購的初期，因為雅虎奇摩拍賣的緣故而有了一些客源，再加上開始做代購，所以生意也慢慢有了起色。剛做代購的時候，有一陣子市場上很流行雷神巧克力，台灣賣到缺貨。因此我坐電車到一個很偏僻的鄉下地方向當地的大盤商購買巧克力，我拿行李箱裝巧克力，拼命堆好堆滿，再將巧克力扛回來，那時候日本的手扶梯超少，我們就這樣扛上扛下地走樓梯，累不累？超累！也真的賺不到幾毛錢，但就是一種滿滿的成就感。

　　不管客人希望我幫忙代購的品項是什麼，我都抱著使命必達的心情完成。就是一種幫客人做服務的概念，因為客人買單不是只買一次，以後可能會變成熟客，客人對我的信任度以及完成任務的成就感都是會複利滾存的。一回到台灣，我將行李箱打開，把巧克力寄完之後，行李箱就空了，我到現在還很清晰地記得將貨寄完清空之後，我的第一個念頭就是：我要去買機票，再去第二次！

　　　　　　　　　　　　　　　姐只想超越自己

代購新手的必修課

　　初嘗試代購的朋友在計算成本的時候，可能在第一時間沒有考慮到的隱形成本，這些費用包括運費、交通費、關稅，尤其是運費是省不了的，由於每個國家的運費計算方式略有差異，所以，必須要先做好功課再報價。

　　拿 H&M 為例，台灣的運費我們會跟客人收超重費，如果是自己跑單幫帶進來的東西，要特別注意是不能超過自用額度兩萬塊錢的；因此，比較保險的方式是貨運寄送，但每個國家的寄送方式都不一樣，一定要做功課。一開始會選擇直接帶回來是因為沒有寄送的門路，但是做久了就會知道有哪幾家業者可以幫忙寄送，像是 DHL 快遞的費用較高，可以找當地的空運服務配合。

　　這邊要跟大家做個小提醒，現在代購的競爭很大，很多人都希望能夠盡量將成本壓低，有很多剛剛做代購的人難免會想要省進口關稅跟運費，壓低成本讓價格賣得漂亮，為了節省些費用就用跑單幫的方式自己把貨帶回來，這樣很容易有被海關沒入的風險。目前在台灣管制的相當嚴格，如果貨物被沒入就會進入到海關拍賣，就算任何關係都動搖不了海關執法的決心。所以還是不要以身試法得好，以免想省關稅卻丟了貨，那可是得不償失啊！

實現虛實並行
的代購生活

日本代購日常

我在經營 YAHOO 奇摩拍賣的時候就已同步在做連線代購,在奇摩拍賣的網頁上有一個很陽春的頁面可以 PO 即將要販售的商品,也就是個人的宣傳頁面,但是那時還沒有臉書及 LINE 通知,所以人到國外,就在當地上網 PO 訊息。

早期做日本代購,早上班機抵達日本後,我就馬不停蹄開始選貨,中午將待售商品拍完,還要整理照片,大約晚上八點前把照片都整理到網站上,飛一趟整整五天的時間我都反覆在做同樣的事情。商品的數量沒有限定,但可能會選一百五十種到一百八十種的商品讓消費者下單,再進行選購。由於每次都是很臨時地在現場逛,試當季商品以及折扣才決定要上架哪些品項,往往從賣場一樓逛到九樓,包括內衣、衣服、包包、彩妝無一遺漏,因為不是每一季的東西都這麼

好看，有時候找不到合適的上架品項也會感到很慌張。

一開始我到百貨公司找貨，後來知道有其他價格跟利潤比較好的地方，才慢慢從百貨公司轉移陣地到海度及馬石町的大型賣場，在這些地方的賣場通常一整棟樓都是保養品或者專門銷售服裝，特別好買。

於是高端產品與平價商品兼顧的情況下，我大概會選定一百六十樣商品上架讓客人選購，不要想用一兩樣東西打天下，這樣聚眾與回購的力度是不夠的，當時的我不僅每個攤位都走透透，也會買雜誌研究熱門商品，以及參考同業的熱銷款，勤做比較與筆記。

代購其實很吃體力，在我還是代購新手的時候，去到當地什麼大包小包都得自己扛，一個人扛貨是身為代購的必經之路，其實是很辛苦的；曾經有一次，我去到輕井澤代購，就坐在雪地裡拼命往行李箱塞鞋子，這種粗魯的舉動也收穫了不少日本人異樣的眼光。所以想做這件事情必須要自己真的很喜歡，不然會在陌生的國度裡質疑：「我到底在哪裡？我到底在幹嘛？我是誰？」

有了一陣子的代購經驗之後，我決定放棄萬里扛貨練身體的日子，開始去找貨運行「代勞」，將選購好的貨物空運

回台灣，慢慢地生意開始穩定起來，基本上當時的我每一個月都會飛一次日本，生意好的時候甚至飛到兩次以上。

擁有每個女生夢想的一間店

當客源穩定之後，我跟媽媽表示自己想要開一家店，雖然媽媽嘴上表示不同意，認為想要開店沒那麼容易，又不是小孩子扮家家酒，說開就能開得成。為了測試我的決心，她提出了一個條件：「如果你奇摩拍賣的評價能達到六百個，我就幫你開一家店。」我聽到這句話，渾身像打了雞血一般，拼命努力想要達標，最後的結果很容易猜，我在東區開了一間很小很小的店，圓了自己的夢想。

愛是成全。我很感恩成為媽媽的孩子，雖然對於我天馬行空的念頭，媽媽都是先打槍第一，但是，最後都願意幫我一把，讓我去嘗試，成為我人生當中的貴人，也是最佳神助攻。

⚠ 直擊Mavis衣櫃

★ Mavis Says :

勇敢說出夢想,努力爭取資源。

很多人的夢想沒有辦法實現,或許不是因為困難重重,而只是就差那臨門的一腳,這時,有沒有貴人相助很重要,但不管有沒有機運遇到貴人,自己要先當自己的貴人,幫自己一把,「幫手」不會一直都 stand by 在我們身旁,我始終堅信,勇敢造夢,努力爭取,別人才願意或者是知道怎麼推你一把,因為機會絕不是等來的,而是創造出來的。

1.3

生命就算急轉彎
也不停下腳步

遇到人生的重大變化要怎麼調適繼續？

請堅定的告訴自己：

這條路不是不能走，

只是遇到了必須轉彎的時候，

過彎之後，又是平坦大道。

Mavis & H

當獅子女遇到
金牛男

「妳事業毀了你知道嗎？」媽媽說道，「妳毀了，妳真的毀了！」

但……真的是這樣嗎？

人生的雲霄飛車

如果人生起落是必經的過程，那陣子的我應該是買了雲霄飛車體驗票吧！全程七上八下、血壓飆高。

在東區開店是很多小女生的夢想，一開始我每天去開店都充滿粉紅泡泡，但夢醒總是來得太快，很快夢幻就敵不過現實。東區的房租在台北可以說是天價，而且房東常常動不動喊漲，加上當時大家紛紛把平台轉到臉書，YAHOO 奇摩拍

賣的生意也沒那麼好了，雖然我還是一樣照跑日本，但也逐漸將 PO 文的重心轉移到臉書上。

那時候店還開著，生意一直不慍不火，我每天下午三點去到店裡，大概八點就打烊跟朋友去喝酒，一顆心不知放在哪兒，就是沒放在顧店上。通常在喝酒的場子想要遇到好男人的機率極低，於是，在那段時間，我不僅生意沒有起色，感情方面也很受傷，人生有高峰就有低谷，事情往往有一就

▲ 我認識了一個金牛男

姐只想超越自己

有二，無三不成禮。

等到我覺得撐不下去的時候，可能老天體恤我遇到太多渣男，就決定派人來拯救我對愛情的希望——我遇到了現在的先生，金牛座的理工男。

我們一樣是在喝酒的場合相識，一開始的時候也沒有特別喜歡他，只覺得他跟我之前遇到的男生都不一樣，格外誠懇，對我也很好，我心想，或許試著交往也不錯。

那時的男友，現在的老公任職於外商公司，是個工程師。還在熱戀的時候，剛好公司外派他到巴黎出差，便提議帶我同行，我當然樂於跟著出國吃喝玩樂見世面，就算因此被媽媽罵得半死，我還是跟他手牽手飛到遙遠的法國。

就在一個禮拜的花都之旅即將近尾聲之時，老公在巴黎鐵塔前面跟我求婚了。天啊！這是多少女生夢寐以求的浪漫畫面啊！居然出現在我的現實生活中，我也分不清楚自己到底是驚喜還是驚嚇，愣住說不出話來，雖然覺得我們以後可能會走到結婚這一步，但當下的反應是：不會吧？我們不是剛認識一個月嗎？會不會太快了？雖然當下我找不到明確的結婚理由，但看到他從背後掏出小熊花束，露出笑容的臉龐，我徹底被眼前的直男征服。

　　對我來說，理工腦是很特別的，我常覺得他們的腦迴路走的跟我們正常人不是同一個模組。為了製造浪漫，他特意在台灣的 7-11 買了一個小熊花束，塞在行李箱裡千里迢迢帶到巴黎，在他將花束掏出來的那一霎那，我看見整個被壓到變形的花束，既好笑，又感動，當下明白了他是那麼努力用自己的方式製造屬於我們的浪漫，於是從法國回來之後，不意外地「雙喜」臨門。

　　媽媽覺得我明明還有很多選擇，為什麼這麼年輕就想不開，聽到我們要結婚，反應還不是太大，但當聽到我懷孕的喜訊時，我媽的第一句話竟是：「妳真的毀了！妳知道嗎？妳的事業跟一切都不用做了！妳徹底的毀了！」

　　我心想，有那麼誇張嗎？或許是因為媽媽在十八歲懷孕生下我，是個過來人，清楚知道我接下來要面臨什麼，替我心疼，母親大人氣到好幾個月不跟我講話，但是就在我生下啾哥之後，她的姿態一百八十度大轉彎，抱著孫子喊：「好可愛，好像妳喔！」我想天下的媽媽都是一樣的，這就是阿嬤的真情流露吧！

★ Mavis Says：

「擇己所愛，愛己所選。」遇上了生命中的 Mr.
Right，我義無反顧。既然作出了選擇，就要勇敢承擔，
讓彼此的人生更好。為了老公，為了孩子，更是為了自己。

向 左 走 ？ 向 右 走 ？
有 種 浪 漫 叫 一 起 走 ！

吵不完的磨合期

多數人看到我們現在的相處，會覺得我們是一對超有默契的搞笑夫妻，甚至很多人會羨慕我們的互動方式；其實，我們也跟大多數人一樣，走過了風雨，經歷了衝突，才慢慢迎來了幸福。

孩子生了，我並沒有因此放棄我的人生，店面從東區換到民生路，我還是每天帶著我的小孩去店裡上班，雖然真的很累，可能真的就是天命，再怎麼樣我都願意承擔。現在回想起來也會覺得自己有點荒唐，不計代價也要做代購，但這也讓我的心理壓力達到高峰。

加上可能太早結婚，我和老公的婚姻磨合期長達一年，這期間爭執不斷，兩人卯足了勁瘋狂吵架，吵到連鄰居都來

敲門關切，吵到我一隻腳跨在陽台上就差沒跳下去，有種死了算了的感覺。

因為老公是工程師，每天出門上班，我不但要帶小孩還要開店，中間也發生過一些公司女同事傳來撒嬌的訊息被我看見，強烈的不安席捲而來……當時是我最低潮的時候，不僅沒安全感，生完小孩的我也缺乏自信，兩個人吵架的同時，孩子還在一旁哭鬧，當下我真覺得自己快要瘋掉，我真的快要毀了。

當初我媽的話應驗了一半，我的人生沒有毀在生孩子上頭，婚姻卻差點毀在爭吵不斷上。天下沒有一份感情經得起高頻率的來回撕裂。長時間的爭吵讓我們險些踏上離婚那一步。有一次我老公從公司衝回來，買了離婚協議書：「我們還是簽一簽吧！」我跟老公個性都衝動，我也賭氣簽了名，但終究還是因為孩子，沒有去辦理登記。套一句我媽說的，就是我們倆都很愛撂狠話，但就只是說說而已，沒有下一步。

「你們兩個要離就離，不要一直吵。」

那年我媽也被折磨得很慘，我真的覺得我快要人格分裂，每天都在吵架，吵到左鄰右舍都跑來關切。我媽覺得超丟臉，也覺得這樣下去不是辦法，但她面對我們倆站在決裂的點上

▲ 先生是身邊永遠支持我的靠山

　　　　　　　　　　　　　　姐只想超越自己

叫囂，反而冷靜的像個看戲的吃瓜大佬。

因為老公和我原是不同世界的人，他也不會跟我做一樣的事，家庭的因素讓我沒有辦法專注在工作上，總是會想著小孩在幹嘛？我的老公現在在哪裡，又或是在幹嘛？除了不安全感，孩子也是爭執點。

後來因為他太常跑回家當面吵，工作狀態也沒有很好，結果離開了任職的外商公司，這點對他來說打擊很大。當然，他大可換間本土的廠商繼續原來的工程師工作，但最終，我們兩個人冷靜地坐下來促膝深談。

兩人攜手闖蕩事業

「那我跟你一起做吧！我們每天都黏在一起總可以了吧！」

這大概是我這輩子聽過堪比「我愛你」更動人的情話了。因為兩個人都有了共同的目標，把目標專注在事業上擁有了共同的話題與方向，感情反而慢慢變好了。

「你老公是辭掉工作來跟你做嗎？」

「不，這是我們一起成就的事業。」

　　將店收起來，專心投入直播代購與電商是我們的共識，我們共同創業與擔負支出，相互間有很清楚的權責分工。老公是公司的負責人，負責管理與公司內部所有事物，我則負責選品與行銷，簡單說來我們分屬不同部門，員工也很習慣公司有兩個不同角色的主事者，各司其職，用各自的專業相輔相成。正因為我們有了彼此，H&M 才完整。

　　要一個男人放棄原來的工作一起投奔未來並不容易，尤其是必須要承擔親朋好友的眼光，在一開始，他會有種把工作辭掉來跟著我做的感覺，很是尷尬，也帶了股憋屈。因為代購是我先做，我一開始也會覺得這是我的事業，他是來幫我的，但在心態調整過後，我堅定地告訴所有人：這是我們共同的事業，在兩人攜手努力下，我們共同的心血結晶正在迅速茁壯。

愛情或麵包，我兩者都要！

　　如果你剛好是處於婚姻與事業兩難或者是愛情與麵包難以抉擇的讀者，Mavis 以過來人的身分分享我的例子提供借鏡：

選愛情或麵包？是小孩子才做選擇，我兩者都要！如果勢必得排出先後，那就真誠面對自己的內心，因為你選擇了最愛的那一個，並不代表不愛另一樣，只是比重與先後的差異。

另外，不要害怕爭吵，隱忍並不會換來美好的結果，勇敢表達自己，哪怕必須衝突，也至少能讓彼此了解心中真正的想法。爭吵從來都不是為了一個輸贏，重點在經歷過這樣的過程後能夠清楚雙方為何而吵，吵完之後，希望能有什麼樣的結果？或能做出什麼樣的修正，如此吵架才有意義，否則，毫無建設性的爭吵只是加速摧毀彼此的方式。

很多人認為夫妻最好別共事，否則容易離婚。當然，我無法對此給出定論，畢竟夫妻一起創業導致感情走下坡的例子不勝枚舉，但是就我們兩人的親身經歷而言，從創業之後，我們的感情就一路升溫，因為我們有共同的目標，有相同的盼望，所以，實踐了婚姻最好的結果——夫妻可以是親人、夥伴，也是戰友。

誠實說，跟大多數的老夫老妻一樣，我們已經過了情話綿綿的日子，太甜會起雞皮疙瘩，但是我們感情還是很好，我們之間的甜是含蓄的，不造作的。雖然是鐵打的直男，但我老公是個很細心的人，會照顧到我生活方方面面的小細節，

讓我放心往前衝;而不會撒嬌的我,每檔直播都戴著老公送
我的幸運鑽戒,讓他知道,老公的愛從來不曾在我的生命中
缺席。當然,我們偶爾還是會吵架,但已經從無謂的情緒爭
吵提升到有意義的「討論」,這樣當然越吵越好。

★ Mavis says：

1. 面對重要決策,優先弄懂先後順序與比重,人生就
   能輕鬆過。
2. 不要害怕衝突,但要吵得有意義。
3. 金錢與物質不是美好婚姻的保證,互相跟理解
   才是。

Mavis & H

蜜 月 代 購 之 旅

究 竟 是 度 蜜 月 還 是 代 購 ？

「你有看過度蜜月的新人行李箱裡都是鞋子的嗎？」

　　瀰漫一整年的煙硝終於散了，兩家人熱熱鬧鬧地舉辦了因為寶寶而延宕的婚宴；隨後，我們便出發到美國洛杉磯度蜜月。為了想給我個難忘的回憶，老公發揮金牛理工男的計畫控天份，卯足了勁規劃整個行程。內容鉅細靡遺到幾點幾分要到大峽谷，要看些什麼，計畫停留多久，然後交通需要多久時間，要在幾點幾分的時候抵達到另一個點，全都清清楚楚的寫了下來，相當嚴謹。可是計畫永遠趕不上變化，想必在他籌劃蜜月之旅的當下也一定無法想像我們竟然是這樣過的。

　　從飛機一落地開始，整趟蜜月旅行，我腦海裡想的都是

代購。因為這是我第一次到美國，實在是太興奮，太想要去代購了。

事實上，這趟旅程我們走的都是老公規劃行程外的行程，去的都是 outlet 跟百貨公司，老公雖然都順著我，但是幾天下來，累積的不滿終究也到了臨界點……

「你有看過人度蜜月整個行李箱都是鞋子的嗎？」

「我們根本都沒有去大峽谷啊！」

他覺得苦心計畫的美好回憶，我們連個邊都沒沾到，他的心意被丟在太平洋，不但蜜月完全沒有照劇本走，一直到上飛機的前一刻我都還在幫人家買鞋子……

「這也太誇張，我們到底是來幹嘛的？我們是來代購的吧！」

從他上飛機到飛回台灣的整整八個小時，我們兩人都沒有講話，都在嘔氣。結果這段蜜月之旅十足成了相當另類的特殊回憶，也成為兩人事業開發美國市場的契機。

我們到底是來度蜜月，還是來代購？應該都有吧！我很

篤定當時我最愛的人、事、物都跟我在一起了。做喜歡的事情會讓我綻放出快樂的光芒，簡直就是走一種到哪裡都可以代購的節奏。

▲ 與先生的美國蜜月行

開展美國市場，直播代購接軌

原本我們做的是日本低單價的彩妝，後來發現包包一、兩千塊也可以帶，相較於日本，美國的包包也真的太便宜……那時候客人量就升起來了。後來我直接在店面開直播，發現生意比我拍照貼在網路上更好，也可能是因為互動也推，一開始我只是放照片、影片，後來臉書直播剛起來，我們就順勢接軌。

如果沒有去美國，我們可能也還在日本做，然後淹沒在一堆代購紅海中。日本因為近，機票便宜，門檻低，大家自己出遊容易，因此日本代購的生意逐漸就整個 down 下來了；相反的，美國因為地遠幅員廣、機票貴，不是每個人都有那麼長的時間可以待在那裡，而點到點之間又必須要開車才能到達，一般人出國自己帶貨的成本太高，所以代購就有了發展空間。

　　這個契機讓我們在原本已有的日本連線基礎客源下，又多了美國這條線的客人，來客數有明顯的增加。加上交通跟關稅是省不了的成本，但如果量有做起來，成本雖高，攤提下來，利潤還是可以 cover 的。

　　很多時候老公會唸我：「這又沒有多少錢，你到底在幹嘛？」但把東西賣出去，讓很多人跟我買，我覺得這是一種成就感，沒在精算利潤或者是年底所得稅到底要繳多少……但他就是會看利潤的人，這些我不會算，但是他會；有時候我太熱情，他就會準備一桶冷水給我，比如說我嚷著要進棉被，他就會努力勸退我。

　　如人所見，我是一個一直往前衝的人，而他比較保守，希望我不要衝太快，也因此我跟我老公關注的角度常常不一樣，他正好是一個一直把我拉著的人，兩個人在一起反而是

一種完美的平衡，剛剛好的互補。

「你知道進貨一千條倉庫得要多大嗎？一條賺三百元，扣掉包材跟倉儲還有人力（工讀生）等，利潤可能只剩下一百塊，這樣你還確定要做嗎？」

「我要！」我認為「只要大家喜歡，我就要進貨」，而且客人還可以連帶買其他品項。代購做久了，我有敏感度能知道某些品項會爆單，就算單品利潤可能不那麼好，我會清楚「保證會中」的定價要抓在哪裡。想把事做好，就是要多方從不同角度思考，才夠全面。

如果我們夫妻都是同樣個性，事情反而不容易做好。我是個不會細算的人，老公比較會去思考進貨會不會賣不掉等庫存問題。儘管憑我的眼光確信選貨可以賣掉八、九成，但他會認為仍然有一、二十趴的風險，還是會幫我把關，抓銷售成功率再高一點的貨品。他總能幫我補足我想不到的地方，是完美的守門員。儘管我們還是很常吵架，但我媽總説我們是奇葩，別的夫妻越吵越糟，我們卻越吵越好，這根本是我們之間一種獨特的溝通方式。

我想，對我來説，守著最愛的人，做著最愛的事，就是最幸福的。

▼ 買到要租大卡車貨才放得下

★ Mavis Says :

對我們來說，有建設性的吵架就是一種溝通；懂得欣賞另一半與自己的不同視角，除了能開拓自己的視野，避開盲點，更是磨練兩人長期成就完美互補的第一步。

02

the Team

從兩人並肩到
團隊並進

2.1

這個代購瘋了？ —— 逆向操作

想成功就複製別人成功的方式，
並擴大五倍以上規格。

想創造石破天驚的成就，
則是走別人沒走過的路，創造出自己的規模。

當有人說你瘋了，
就代表你離成功不遠了。

Mavis & H

疫情來了！
赴美封館直播

為愛瘋狂

我人生中這輩子最狂、最紅的時候，應該就是疫情期吧！

2021 年雙十二是當時全球疫情最嚴重的時候，我們卻決定衝美國，消息一經披露，瞬間整個臉書的觀看人數衝到兩萬人以上！

很多人都說：「這個代購瘋了！」

我們決定衝美國的事在網路掀起一片討論聲浪，人們紛紛討論這個代購要錢不要命，但是我覺得此舉更是一種地位的鞏固，我就是要跨出去，跟一般直播代購做不一樣的事情。

因為我認為，自己做美國代購，卻一直在辦公室介紹，

走不出去，無法讓大家親臨現場，是種遺憾；於是，我們就決定衝了！因為疫情，大家已經悶了太久，這時突然有代購罕見的到美國舉辦封館直播，大家勢必眼睛一亮，吸睛效果十足。此舉無疑造成轟動！那一陣子除了原本的顧客十分興奮之外，也添加了很多新的顧客。

很多「史無前例」的事蹟，沒有開始的那一步，就不會成為經典。

「老公，現在疫情 OK，我們要不要衝？」看到疫情好轉，我躍躍欲試。

「可是我們還沒好好規劃……」老公是個規劃控，認為什麼都還沒計畫，衝什麼？

「當然要趁 Black Friday 黑色星期五之前才會有更好的折扣啊！」

我是獅子座 A 型，凡事會逼死自己的那一種，今天做完這檔就會馬上想要接著做另一檔，連護士都說我是過動兒，今天才去診所看完醫生，就嚷著明天要出國。疫情稍微和緩的當口，我便決定要衝美國，星期一「起意」，就訂下星期天的機票，直接飛。很多人問：「你們有這麼缺錢嗎？」也

有人說：「你們瘋了嗎？」但這從頭到尾都不是錢的問題，決定「出走」，我比誰都開心，真的不讓我出國代購我才會瘋掉。

當然成行之前也有收到不少勸退的聲音，認為我們上有父母，下有幼兒，希望我們再多考慮一下。我們當時衡量了一下狀況，團隊成員都已經注射了疫苗，只要小心一點，評估應該是不至於產生太大的問題，只要按規定檢疫、回台隔離十四天，依然可以順利成行。雖然到美國不再需要強制隔離，也不強制戴口罩，但我們還是選擇帶著大把口罩隨行，全程戴口罩直播，也因為這樣，更加鞏固了客人的信賴度。就在決定衝美國之後，我們便開始了馬不停蹄的準備，連同工作人員、攝影，帶了簡單行李，扛了設備就啟程飛了。

人到了美國，首先要克服的就是時差問題，而且美國腹地大，就算是開車，從 A 點到 B 點都要開很久，七除八扣之後，真正能做代購的時間並不多，因此分秒必爭。

一開始到美國代購時，因為時間真的很緊迫，我們會在民宿錄製影片，但是預先錄影的方式雖然好，客戶依然會在影片下面留言，我們卻無法即時反應，也沒有辦法直接對答，立刻回覆消費者對商品的詢問；尤其在美國播出的東西很多，沒有辦法一個一個拍，這樣一來每個各別的產品都需要文案，

▲ 與 MICHAEL KORS 店裡合作封館採購

姐只想超越自己

時間都是成本，如果飛一趟美國當地卻把時間都用來處理文案，那就什麼都做不成了。所以我乾脆選擇開直播，這樣互動性高，而且可以很快速帶到商品。畢竟用講的再怎樣都會比直接打字快。

　　早期我們的直播也是在民宿進行的，跟其他的代購沒有太大差異。品牌專賣店封館直播算是我們代購以來的一大突破。代購這一行做久了的人都會知道，當代購購買的量到一個程度，就會收到品牌商的 VIP event 邀請，我們也曾經被邀請到知名品牌 MICHAEL KORS（MK）的 VIP event。

　　當訂單的量越來越大時，我開始思考 —— 是不是能夠直接到店裡進行直播。

首創與 MICHAEL KORS 封館直播，締造佳績

　　於是抵達美國的第一天，我們便請美國兩位協助代購的 buyer 嘗試去跟 MK 的經理談合作，表達我們想要在店裡直播的想法。我們希望店裡不要有其他人，避免其他干擾，讓我們可以直接封館進行連線直播。經理雖然點頭同意，但書是開出了必須做出五萬塊美金業績的條件。

　　五萬美元相當於是一百五十萬元台幣，如果以一個包包
售價兩千五百元來計算，那意味著短短幾個小時的時間裡，
我們就必須要賣掉六百個左右的包包，這是個蠻有挑戰性的
考驗，當下考量後我們認為機會難得，而且沒做就是空，有
做就有希望，咬牙拼了！

　　於是談定之後，當天我們便簡單在店裡拍了些照片，隔
天早上在美國時間早上六點，台灣大約是晚上八點的時間，
我們開始了第一次的品牌專賣店封館直播。

　　可能是因為疫情讓大家真的悶太久了，當時一開播，生
意超級好，當天便做了十萬塊美金的業績，不僅達到了經理
的要求，還直接將數字翻倍，我們整個 High 到不行，連 MK
的經理也笑得合不攏嘴。

　　這是有史以來第一次的品牌封館直播，讓我們在一片低
迷的疫情景氣下衝出高人氣，Halo Mavis 不僅在台灣一砲而
紅，在美國也打響了知名度，大家都知道有位來自台灣的直
播主在那做封館直播創出佳績，也因此開啟了 H&M 與其他品
牌商的合作契機。

姐只想超越自己

COACH 自動找上門

　　美國各大品牌之間免不了互相競爭，由於 MK 封館直播的業績太漂亮，引發同業也想起而效尤，所以 COACH 的經理便主動詢問美國當地熟識的 Buyer，取得了我們的聯繫方式，邀請我們為品牌進行封館直播。

　　當然，品牌專賣店不是我們想要封哪個就可以封的哪個的，整個美國的 COACH，就屬拉斯維加斯門市在條件上是可

▲ 第一次與 MK 合作封館直播

　　　　　　　　姐只想超越自己

以讓我們進行封館直播的。

　　聽到這個消息，我高興到跳起來！終於，品牌商由被動變成了主動，這是前所未有的第一次，所以我們非常開心。

　　雖然稱之為「封館」，倒也不是整間店都不用做生意，只要做我們這一單就好，精明的生意人懂得一魚兩吃，創造雙贏。一般來說，美國品牌商開店營業的時間是早上十點，但是願意在早上六點的時候提前開門，讓我們進去直播，等於店家允許我們在正規營業時間之前先讓我們做封館直播集單，然後等到店面正式營業時間一到，我們便提交數量結帳。

　　MK 封館的活動中，下標量大概是一千多顆，但是 COACH 第一次給的量較為保守，沒有這麼多現貨，當時我們只好砍單，以網頁上的下標時間作為切點，超過時間的客人就只好殘念。

　　H&M 在美國封館直播的成功，在疫情一片低迷的市場氛圍下，開出了亮眼的成績，台灣的媒體競相報導，Halo Mavis 打造百萬連線設備，並打出台美兩地即時連線封館直播，還請來品牌經理親自說明，消費者就像真的到現場購物一般，讓後疫情時代的代銷商機，藉由 Halo Mavis 台美兩地封館雙直播代購商機創下高峰。

　　新聞後續引發高度的關注，加上疫情之下，同行生意難做，通常大家都希望下標量越高越好，巴不得爆單，沒想到我們卻居然還砍單。這樣一來更讓人眼紅，於是很多同業開始群起攻擊，Dcard 上更有酸民說我們是搭棚造假演出，並不是真的到當地進行封館直播。

　　當初看到大家的留言，我非常難過，心想我們是規規矩矩做生意，付出比一般人更辛苦的代價，甚至冒著可能染疫的生命危險來到當地，還被說我們是造假，一整個玻璃心碎啊！我十分在意人家說我造假，忍不住想要澄清，於是每一場直播我們都會先拍太陽給大家看，有好一陣子直播的開場都是：「各位觀眾，我們現在看一下，這是加州的太陽……」

　　面對非理性的攻擊，我不會用同樣的方式反擊回去，我不會在直播上面做攻擊，因為這不是我的風格，我也不會說謊，因為只要講了一個謊，下一次就很容易戳破，所以我選擇真誠回應。不論誰戳我哪裡，我就想辦法舉證回應，不用多費盡唇舌去解釋。既然你們說我是棚拍作假，那麼我拍與台灣日夜顛倒有時差的加州太陽給你們看，總可以了吧！太陽總不會也是道具吧！

　　H&M 不只要代購，我們還要帶大家一起 GO ！而且我們真的做到了！我每一次做完一波連線，看到成績之後都很開

　　　　　　　　姐只想超越自己

▲ 第一次在 COACH 封館直播

▼ 疫情時期到 COACH 直播，同時在線人數創下新高。

心；我一直在思考，我到底是為賺錢開心，還是為成就感開心？後來我發現，我不在乎賺多少錢，我在乎的是成就感。但在追求成就感的同時，便帶來了收益。

很多人覺得 H&M 走到今天是因為運氣好，沒錯！人生也是要有運氣的，空有能力，沒那個運氣，很難走到頂峰；但是，但所謂的運氣不是坐等名利從天而降，而是要先擁有敲機會之門的膽識以及接得住的本事。在疫情最嚴峻的時候，你敢衝嗎？

美國代購的眉角

第一次出國來到美國代購，我們曾忘了給小費就走出餐廳；到了韓國則因為不習慣講敬語，被認為我們問的問題很沒禮貌，偶爾也會引來當地人皺眉相對。當某些用詞無法用當地語言翻譯的時候，也會出那麼一點糗。

因為在語言習慣不熟悉的陌生國家，這些都在所難免。但如果能夠事先知道一些小訣竅，就能讓自己做起事情來更順風順水。

就像在一開始代購時，我們必須得名列在品牌商的名單

內才能獲邀到 VIP event，但是現在競爭很激烈，跟經理的關係友好也很重要。

台灣俗話說「會吵的小孩有糖吃」，我遇過很多台灣的買家，遇到品牌無法提供貨量時選擇跟經理吵，但是美國人不吃這一套。美商的自我意識很強，擁有決定誰優先保留供貨的權利，想為誰服務就為誰服務，並不是吵就有用的。

美國的代購做久了，跟當地其他代購的關係比較好之後，他們也會傳授我一些小眉角。

1. 選對時間

採購的時間點很重要。

大家都以為的 Black Friday 黑色星期五優惠是不是真的很便宜？其實不是！黑色星期五是給外國散客買的，真正的便宜是在黑色星期五之前，這段時間的折扣是專門提供給大宗批發客訂貨給賣家的。

品牌商在黑色星期五之前會開放給賣家掃貨，折扣比較起來更優惠，我們都會選這個時段去代購。

當然也有些賣家的客戶夠高端，或者就是想買新品，不在乎折扣跟價錢，那就沒有差；但如果要做大眾市場，我們會比價到最後，確認折扣才去掃貨。

　　畢竟我們並非住在美國，無法在第一時間將商品做寄送處理，如果搶在商品下首波折扣的時候購買，等到東西寄回台灣再上架的時間，可能店家的折扣就已經掉到比賣家更低。

　　常跑美國的朋友就會很清楚，像是感恩節、聖誕節等各種節慶，市場都有高低不同的折扣，如果量大，還會有額外的優惠。

　　一開始初到美國時，會覺得「價格怎麼這麼便宜」就買了，殊不知折扣並未到最便宜的時候。以包包為例，如果可以買到半價就已經覺得很便宜了，而且多買幾個之後，可能還會多上 10% 的折扣，但是包包這種商品會慢慢一直掉價，最終可能會掉到 60% 或 70% off，這才是我們進場搶便宜的最佳時段。

　　H&M 會幫大家盡量找到最低價，這很像股票，沒什麼大學問，找到最低價的時候你就買。但也有例外，如果包款處於高價又限量銷售，比如說 COACH 有一陣子出了一系列與 SNOOPY 聯名款的包包，相當可愛，這種搶手商品不可能等

到品牌做 70% 折扣，一看到有貨就要趕緊下訂了。

　　在代購這一行的時間做久了，就會有一些買貨的經驗值，我也會去觀察同行現在做些什麼產品，透過時間的累積與做功課，可以培養出 buyer 挑貨更精準的眼光。

2. 安全第一

　　另外，不管選擇什麼時間點去做代購，始終要謹記「安全第一」。

　　以往我前去美國代購的時候，因為治安問題，會很緊張，一舉一動都格外小心；這不是杞人憂天，前一陣子一位買家朋友傳來車窗被敲破的照片，當時他買了三大袋的包包放在車內，被堂而皇之破窗偷走。

★ Mavis Says about 代購：

1. 選對商品入手時間，以確保買價優惠。

2. 人到異地，仍要小心安全至上，出入平安最重要。

從代購到電商，
以直播多元開展

跨足韓國市場

美國行之後，H&M 的知名度大增，但代購畢竟門檻低，只要有手機，找到資金與供應的貨源，每個人都可以做，人人可以是代購。

我做美國市場做到最後會發現，大家都可以做，成本也一樣，當我做到頂時發現大家都在賣一樣的東西，就會覺得沒什麼突破點。我一直期許自己走在最前端，但人生就是這樣，不會永遠在走上坡，總會有很多的起起伏伏，停止點其實就是危機，因為到頂的下一步就是往下。但這也應驗了「危機就是轉機」這句話。我覺得我們蠻幸運的，每遇到一個坎，就會有一個很好的轉機，讓我們可以順利跨過去。

當我正愁無法突破時，碰巧遇到一個美國代購同行的韓

國供應商，正巧跟原有的合作對象之間有一些不愉快，因此希望尋求其他的合作對象。那時我們也已經在美國小有名氣，於是他輾轉與我們接洽，希望可以有合作的機會。

這名韓國人是賣美妝產品的供應商，在我們業界很有名，算是很強的供應商，因為他們不走普通市民的大眾路線，拿東大門的東西來賣，而是直接去找韓國的品牌談代理，商品不會輕易流露到東大門批發市場或一般市面上，這等於是我們有機會拿到別人拿不到的韓國彩妝保養品，更能創造利潤及市場差異性。

韓貨供應鏈的建立也是 H&M 一個很大的轉折，而且保養品的品牌並不是任何人都能做到的，只要產品本身夠好，消費者就會回購。不管我們美國市場做多大，韓國拿的貨量有多少，我們一直很堅持每個保養品都是團隊自己親身試用過，我覺得不好用的東西，照樣打槍，倉庫堆了一箱又一箱的ＮＧ品，我還是堅持把關，唯有我跟廠商都有用過，覺得好用，價格又很漂亮的，我才會推薦給消費者。況且，保養品是消耗品，一旦獲得消費者青睞，更是擁有持續回購的能量，我們等於建立了一個新的客群。經過幾次的起落，我們相當於掌握了日、美、韓代購市場的主力商品與貨源。

邁向電商之路的管理考驗

H＆M從此不再只是代購，轉而成為電商，以直播多元開展事業。除了我們夫妻倆，我們也邀請到了網紅及明星來共同站台直播，包括陳昭榮與柯有倫等明星都與我們合作，王思佳站台直播更讓《Halo Mavis 國際連線》的總觀看次數暴衝到 23 萬次以上，人氣攀升，業績也跟拉提。由於業績規模持續以等比級數擴大，團隊也因應擴張；所以，我的代購人生從一個人前行，到兩個人並肩，到現在一群人協力，不斷創造奇蹟。

如果你剛好是想做代購的讀者，我有一個很中肯的建議──你要能充分了解自己，清楚這是不是自己想要的。

我到現在還是非常喜歡自己的工作，公司的員工已經很習慣，往往當我跟他們說：「過年休息一下，要好好休息，」到了初五就可能跟他們說：「初六要做活動。」他們超怕我賣棉被，但是還是很認命地理貨，我老公因為棉被拐到腳弄到手，連壯碩的經理都喊吃不消……我很感恩有員工共同並進，他們是陪我一起努力的最佳助攻。

當然，從一個人到經營一個數十人的團隊並不是件容易的事，一開始時，我的得失心很重。我覺得我對員工好，員

工就得懂得感恩，要對公司忠誠。所以剛開始帶員工做代購時，我對兩個同事掏心掏肺，不但幫他們出學費到巨匠學電腦，更帶他們到美國採購，不僅包吃包住，還帶他們去拉斯維加斯玩。然而我這樣對待他們，期望大家會因為這樣，而把公司當自己的事業一起衝，卻發現事情並不是我所想的那樣。

當時我意外發現，這個員工自己也在做代購，為自己開了一個代購平台，雖然他的確很努力，但卻是為了自己在收單。當下我感到十分受傷，如果對方有先告知我，我可能會覺得舒服一點，甚至會支持他、帶著他一起做……因為這個私下的發現，我感到很不舒服，當然直到現在也早已事過境遷，寬心釋懷了。

自從那次事件之後，我學到了對人好要有底線。就算再要好也該保有「安全距離」，尤其是身為公司的管理階層，如果跟員工太好會容易失去界限，也不該有預期心態，覺得他們跟著你，就一定要為你拋頭顱灑熱血。

多數主管認為花心血培育同事，將資源挹注在他們身上，就認為他們應該，而且必須要為自己做很多事，這是一種偏差認知，畢竟每個人都有自己的人生。他們不一定會在自己的麾下工作一輩子，他們也會想要有自己的生涯規劃，君子

有成人之美，我慢慢從中學習，努力把自己的心變寬。

　　有時我會犯了對人太好的毛病，當發現為公司盡心盡力的好員工時，總會想為公司留才，就算員工要求加薪，我往往都會同意。原先我是個很沒架子的老闆，但慢慢公司變大了，我也在慢慢學習放權並劃出界線。在公司，我總是扮白臉，跟大家互動和樂融融，而我老公就是黑臉擔當，他一出現就有威嚴，這方面我們也是互補。

　　除了劃清界線，我也開始懂得將權力下放。以前自己一個人單打獨鬥習慣了，養成習慣把所有的事情攬在自己身上，但現在商品太多、事情太雜，我不可能再一手抓，便開始慢慢練習分團，例行事務委任組長代勞，這樣在團隊人人各司其職的狀況下，適性揮灑起來，也會比較舒暢。

姐只想超越自己

▼ 與 MOVADO 品牌合作直播創下佳績

★ Mavis Says：

　　從一個人到兩人並肩，再到團隊同行，這其中有很多學習。為了在這條路上走得更好更穩，我相信，未來的自己仍然會迎向挑戰，在必要的時能作出改變，持續進步，以成就自己真心喜愛的這份事業。

2.2

危機
這堂課

在危機尚未發生之前，
沒有人會意識到問題的存在；

只有當問題發生後，
克服危機才能跨越自己，
邁向新的里程碑。

Mavis & H

危 機 就 是 轉 機

── 拿回人生的主控權

在臉書上被消失

2021 年的 5 月是近年來對我們事業蠻衝擊的一段時間，疫情嘛！誰不是？很多人覺得疫情是一個全球性的災難，但其實，對我的事業造成最大衝擊的是並不是疫情，反而因疫情而激活的宅經濟讓我們都活得超好的，在網購與電商中殺出了一條康莊大道。

但真正讓我大驚失色的，是疫情剛開始時，有天卻突然發現，H&M 的臉書怎麼不見了？完全不見了，Oh, my God！季款欸歹幾位蝦密欸來花星？（怎麼會發生這樣的事情？）

震驚之餘，我們急忙想弄清楚狀況。由於我們所有的直播都在臉書上，臉書關閉的事情真的嚇死我了，我當下就覺得天啊！公司要倒了嗎？

於是我們開始了瘋狂搶救臉書帳號的行動。臉書希望我們提出資料，在積極準備證明資料的同時，也讓我們意識到──這是一個很大的危機，一定要想辦法克服，絕對不能讓類似的事件再發生！

把握機會風險管理

一直以來，不管是代購還是直播，在奇摩購物，臉書拍賣，或者是 YouTube，我們都是 under 在別人的平台之下，如果有一天可能平台沒了或收掉關閉，我們所有的努力可能轉瞬間消失，什麼都沒有了，就算還會有客戶資料留存，但是要在一筆一筆建立回來談何容易？

這是個大家都能做代購，人人都可以直播的年代。直播有很多平台，雖然市場上普遍認為臉書是老人家在用的，但是轉換率最快的還是臉書，就直播的「含金量」來說，我認為這應該是跟消費的年齡層有關。臉書的使用者涵蓋 Range 還是比較寬的，等於仍是老、中、青三代交疊性較高的一個平台。雖然族群跟年齡佔有很大的關係，但 I G 著重在生活介紹，轉換方式並沒有像臉書的直播這樣快速跟直接，在台灣市場，購買率跟轉換率最高的依然還是臉書。臉書逐漸變成了我們的事業中心。

以我們當時所處的情況來說，等於是我們的帳號直接被臉書下架。這時，我們才忽然意識到 H&M 一直把雞蛋放在同一個籃子裡，包括商品介紹、文章、客源，客人習慣看的地方，直播影片等等，所有一切的一切都在臉書上，由於這次的風險，讓我們開始動念想創建一個專屬於自己的平台，我們想要打造一個完全可以由自己掌控的地方，不怕任何天搖地動，就算全世界都消失了我們也不怕。

從一開始做直播我們就希望能開創出一個不一樣的購物平台，目前 H&M 雖然有自己的官網，但多數直播目前還是集中在臉書這個平台上，「臉書帳號被消失事件」讓我們開始思考，是不是該在自己的官網上架設一個直播平台，另外，也成立了 LINE 的客戶服務管道，假設今天沒有臉書了，但是有別的平台在，可以通知客戶到哪裡去看我們的直播，未來我們甚至想要創立一個台灣版的小紅書。

想成功就是得將心力聚焦在一件事情上。大陸版的小紅書雖然流量大，但用戶還是以中國人居多，目前 H&M 還是將主力市場放在台灣，我希望可以先把一件事情做好，借鏡大陸版的小紅書，希望未來能朝建立台灣版的小紅書邁進。未來還會有哪些平台成為市場主流，誰也說不準，但這世上不會有任何一種方法可以永遠管用。不管未來怎麼變，我們都得跟著隨時應變。

　　在我們提供的資料被臉書接受之後，兩個禮拜，我們的臉書帳號終於回來了。

　　還記得那一天，我整個情緒跟壓力都到了臨界點，千辛萬苦累積的三十萬粉絲若全都要重新開始，我怎麼能辦得到？當下抵不住排山倒海而來的壓力，我忍不住在直播上面做 ending 的時候整個哭出來。雖然我們的員工也因為臉書的消失而承受了不少工作上及心理上的壓力，但看到我那樣，都還是笑笑地工作著，沒有多說什麼。

　　面對他們的體貼，我更沮喪了，我不斷自責：「你這個老闆是怎麼當的？怎麼會搞成這樣？」我怪這一切都是因為自己沒做好，讓員工要跟著我一起辛苦。

　　沒想到，就在我哭完後的隔天，臉書帳號就回來了。雖然我每天都在祈禱：「臉書快回來，快回來。」但是當我看到臉書出現在我眼前的那一瞬間，我還是呆了幾秒，簡直不敢相信自己的眼睛。

　　「回來了！回來了！」我手舞足蹈地衝到地下室跟老公說臉書回來了，我老公剛好在做兒子的籃球架，我忍不住衝進他懷裡，那是我第一次跟老公相擁而泣。

讓我們喜極而泣的是我們的苦心終究沒有白費，我們還在，我們的消費者也都在！面對突然消失的臉書，不是只有我們會焦慮與恐慌，消費者更是震驚，為了讓大家安心，我們將客戶資料儲存好，讓他們知道我的公司平台在哪，請他們耐心等我們回歸。

　　在一邊搶救臉書帳號的同時，除了意識到永遠要有 Plan B 之外，也意識到我們的客戶黏著度很高，並沒有因為我們突然消失而散掉或轉到其他的代購，仍會一直尋找我們在哪裡，這讓我們非常感動，也格外珍惜。客戶的黏著度代表對 H&M 團隊的信任，甚至表示，今天如果沒有 H&M，他們也不知道要到哪裡買東西，換作是跟其他代購消費購買，也不會放心，只肯放心跟我們消費……我們更當不辜負消費者對我們的信任，繼續努力做到最好。

★ Mavis says:

　　這世界沒有萬靈丹，很多事總是得遇到了，才知道接下來要怎麼做，Mavis 想要跟大家分享的是：

1. 因為有限所以要突破，突破就是無限。
2. 焦慮解決不了問題，方法卻能消滅焦慮。
3. 精準投放，分散風險。

　　　　　　　　　　　姐只想超越自己

永遠得思考
自己還能做些什麼

小蝦米的成功秘訣 —— 鍥而不捨

　　我們從未想過自己可以跟財團競爭，但是最近一次較大的跨越與肯定是——我們在 2021 年雙十一的檔期，電商熱度是落在全台灣第四名，位於我們前面都是 MOMO 跟東森這種資金龐大的知名電商公司，H&M 能排在 PChome 前面（資料來源：Q search 臉書聲量分析），可以說是一大突破。這讓我們體認到——我們是有潛能的，小蝦米是可以與大鯨魚並列，甚至打敗大鯨魚的。

　　能夠從默默無聞的個人小代購，成為雙十一熱門檔期能擠身知名電商平台排行榜的知名代購商，獲得領先 PChome 的佳績，當然讓許多人驚掉下巴。很多朋友問我是怎麼做到的，我認為，保持初心很重要。這也是我寫這本書想要跟讀者分享的，不管事業做多大，永遠要記得問自己：「我還能

為客人做什麼？」

代購是個技術門檻不高的行業，有資金、有客源、有貨就成，但是要做長久、做開心，做好一個專業的代購並不簡單，在此我綜合自己做代購與直播電商多年的經驗，我想跟大家分享一些心法：

1. 努力了解市場，更致力於超越市場

做代購不能只因為自己喜歡而已，還要了解市場，甚至要比市場更快。

H&M 一直都在領導代購的趨勢。很多商品都是因為我們「首發」而跟著大紅，像曾經賣翻天的雷神巧克力就是一例。那時我心想，哇！雷神巧克力在台灣這麼紅，但是都買不到，小七還限購每人只能買一條，那我們到日本去幫大家代購，一定有商機。的確，自我們引進之後，生意變得非常好，引發其它代購業者一路跟進。

從事代購這一行，你得要先了解市場上現在大家喜歡什麼，你不能從台灣現在已經成熟的市場去了解，你可能要先從韓國或國外先去了解當下紅的是什麼，才能知道自己要帶

什麼給台灣的消費者，當然其中也包括自己很喜歡的東西。

但是要成為超級代購，光是了解市場是不夠的，還必須比市場快。想得比市場快，拿得比市場快，賣東西比市場快。

這是什麼意思呢？拿選品來說，眼光必須要快狠準。很多代購因為大家很喜歡韓國的東西，所以一股腦兒進韓國的商品，所以市場上普遍充斥著雷同的商品，走到哪都可以看到一樣的貨，但是這些在台灣才剛開始流行的東西，可能在韓國已經流行了好一陣子。

所以我們有時候會去翻國外的雜誌，看國外流行什麼，因此我們常常能夠走在代購與消費者前面，提前進口具潛力的爆品。之前在 H&M 平台販售的西班牙油漆桶洋芋片，在台灣就是我們第一個進口的，因為這項商品在韓國非常紅火，台灣卻較少人知道，當我們進口了一陣子之後，台灣才有其他廠商進口，代購跟團媽接著跟進，但我們已經先賺完第一波了。

除了引進的品項要比市場快，時間點也必須要注意。代購其實很看「天氣」，比如說，在很冷的季節，外套或者棉被會爆單，我們必須要抓準時機，搶在需求之前將產品上架，在天氣即將變冷的時候就要開始上檔，不能等到很冷才去進

發熱衣。也就是說，在秋天的時候就得想到下一季要做什麼。

當然，如果是幾件或幾十件的小規模代購則不需這麼緊張，就像我們一開始代購，都做現貨，當時最大進貨量只有兩百件，可以等到真正冷的時候再進。但是以 H&M 現在一檔的進貨量可能是三、五千件，甚至是一萬件，不可能等時間到了才跟廠商要那個量，人家可能做不出來，所以要預先規劃，不能想到就做。尤其是冬天的棉被必須在秋天的時候就先想好，要什麼款式以及多少數量。有心做代購，便不能一時興起，更不能佛系經營，要確保貨源充足，連時間都要快。

2. 重視口碑，用過才說好

我認為要真正喜歡才有說服力。這就是我講的 —— 初心很重要。

很多人推東西只考慮利潤好不好，推薦自己真正喜歡的商品是我的堅持，很多貨品的利潤可能真的很好，但是我會思考：這是客人真正喜歡的嗎？這是我想要做的嗎？就算 H＆M 已經頗具規模，我還是常問我自己：為什麼我要走這一行？我為什麼要做這樣的事情？

姐只想超越自己

保持始終如一的心態非常重要，但這點並不容易。我做這一行就是希望能夠帶給大家更好的東西，而不是去拿到最大的利潤。很多團媽為了趕著上架，在介紹東西時可能是拿到貨後隨手拍了照片便上傳，有些網紅甚至連包裝都沒有打開就說產品很好用，甚至有些人為了接業配，再怎麼樣都要說產品好。

推零接觸的產品不是不行，但這樣就少了一點靈魂，因為自己沒有很喜歡，也沒用過，是沒有辦法引起消費者共鳴的。如果是自己很喜歡或用過的東西，推薦出來的內容會很不一樣，才會有內涵，也更具有說服力，就像我用過了潤滑液，臉上嬌羞的表情是作不出來的。在有沒有真實使用感受這一點，消費者其實是很敏銳的。

3. 羊毛出在羊身上，將利潤跟品質回饋客戶

要怎麼把代購做好？我覺得一開始不要想你可以賺多少錢，要看怎麼做可以吸引到客人，服務與產品夠好，客人自然會回流回購，讓客人拉客人，朋友拉朋友是最快的。

曾經有一位美甲師朋友跟我分享，現在已經很少死忠的

客人了，多數是哪裡的價錢低就往哪裡跑。我聽了其實有點傷感，代購這一行以前的利潤真的很好，怎麼賣怎麼都會賺錢，賺多賺少罷了。現在是全民比價的時代，價錢是公開透明的，甚至還有比價網幫你查便便，代購的生意並不好做，也因為現在客人的忠誠度已經不若以前那樣牢固，更加凸顯那些可以跟著自己很久的客人才是最重要的。

因為市場一直在變，個性太過一板一眼的人其實不大適合這個行業，代購或直播也不適合個性上太過嚴謹的人，而很多不肯讓利的人也可能也無法在這條路上走得長遠。

基本上，懂「讓利」是一門很重要的學問，畢竟，產品的價格高又不讓利就很難讓消費者願意花錢在上面。弔詭的是，很多老闆不是不懂讓利，而是不願意讓利，寧願把錢花在做很大的廣告上，也有很多人做代購會下廣告、衝流量，好一陣子大家可能會不斷在媒體上看到某些品牌，但是 H&M 是堅持不下廣告的。

做廣告是一種行銷手段，但是要花很大的成本才會看到成效，但如果把這些錢花在客人身上，其實是可以鞏固客人的。H&M 從一開始就是出了名的「很敢送」，我們認為與其花錢猛打廣告，還不如將這廣告經費回饋給客人更實在，這是最實際的「照顧客戶」。

在薄利的年代，談到「送」總是有點負擔，但是其實重要的是誠意。直播主某種程度上跟觀眾有點距離又不會太有距離，甚至很多直播主比一般外面看到的藝人更貼近觀眾的生活，互動上比較像朋友，我們也會把自己的觀眾當朋友來看，我覺得我們可以跟客人做到很貼近，我們也會在自己能力所及的範圍內為他們多做一點。

比如說這一檔是雙十一的檔期，那我們的利潤可能會高一點，我們不妨阿莎力多送一些。如果是淡季的新品，沒有什麼利潤，那就少送一點也沒關係，不管送多或送少都是送；就算是剛起步做代購，無法在價格上回饋給自己的主顧客，也可以選擇送購物金、免運跟折扣券。不管多少，我們的心意都是可以被消費者感受到的。

當然，並不是送東西就是叫做「照顧客戶」，而是要把客戶擺在第一位。很多人對代購的認知就是一個中介、捎客的角色，但是我認為 H&M 能做到的不只是這樣。

我常會跟客人說，我們賣的不一定最便宜，因為我們要開發票還有稅要支付，但是我們給的產品一定比外面更有保障。很多代購業者販售的食品或餅乾並沒有正規報關，所以根本不知道有沒有什麼有毒物質。而我們的食品已經可以報關進來，甚至可以拿去 SGS 食品安全檢驗。

　　代購是我一輩子的職志，我不能因為任何一點差錯影響了我辛苦經營的商譽，雖然損失一點價差，但是可以讓顧客更安心，我絕對願意。這也是為什麼我們可以做出高度的原因，消費者可以相信我而不需要去考慮其他代購的最主要原因是──我永遠將我的客人擺在第一位著想。我們始終堅持走在客戶前面，永遠思考做什麼對客戶最好。

4. 保有個人風格，努力同中求異

　　最後，也最重要的──保有個人風格。不同的直播主都有自己的客群，在一片紅海中能夠做得長久的，通常都是真實地呈現自己，而不是靠人設或腳本的演出。要說服客人之前，得先說服自己，如果連自己都法認同，那麼是無法長久經營的。另外，在代購方面，我認為就是要跟別人做不一樣的東西，如果大家都一樣，那就是價格戰了。努力找到自己的特點，加上培養選品的敏銳度，就能夠保有一定的利潤。

　　再來，絕對不要削價競爭。就算再紅的商品也會有過氣的時候，代購難免會遇到商品販售的壽命到了日暮西山的階段，千萬記得，薄利多銷是個陷阱。當一個商品的利潤已經薄到一定的程度，就是該要換的時候了，而不是不顧立利潤地跳下去跟大家廝殺。斷捨離很重要，沒有利潤的產品要當

姐只想超越自己

機立斷地處理，也就是說，當大家都能簡單拿得到這個產品的時候，就沒有利潤可言了。舉例來說，澳洲的 YPL 褲很好賣，但是，當原本九百多塊的褲子，在市場上賣到一件三百多元的時候，就沒有利潤可言了，當然不要繼續用同樣的商品去跟同業打擂台。

　　一般來說，我自己在開價錢的時候，除了將成本與利潤墊上去，我一定會去搜尋別人報的價錢，來評估自己的價格優勢，以及這項的商品能不能做。如果說這項產品在市面上已經有人以一半甚至更低的價錢販售，或者是上游商放的價格太低，誰都可以拿到「便宜貨」，那我們就可能把它從選單上淘汰掉。

　　如果這個商品真的很好，不管在品項上、口碑上以及市場競爭力度上都很強，那就要思考新的賣點。比如說 YPL 褲就是穿起來顯瘦，大家就是瘋狂想買，那我們沒有理由不推，但是我就會去找有沒有什麼不一樣的地方能當成新的賣點，像多數的 YPL 褲是中國製的，那我們就會去找看看有沒有韓國製的商品。因為一樣是 YPL 褲，韓國製的可能在做工上會比較細，或者比較不會裂開，這些都是優勢，甚至我會去思考有沒有附加提臀功效，這樣我的產品就擁有了別人所沒有的競爭優勢。當只有我有，別人沒有的時候，利潤就可以拉得很好，這就是鞏固利潤，而不是用價格互相殘殺。

　　代購算是紅海，做久的就很難突破。前一陣子 FB 上很多人在 PO「蘭寇小棕瓶」，甚至到大潤發也進口，大潤發大家都拼不過，那這樣的產品就會在網路上消失，因為品項都一樣，我沒有辦法跟量販商拼價格，沒有利潤，我要怎麼跟團媽競爭？原本我跟大家都賣差不多的東西，後來發現如果真的要走到開發票跟公司這條路，價格戰是行不通的，我們一開始做澳洲的代購利潤很好，但當所有團媽都在做的時候，它就準備爛了。我們不可能跟團媽一樣，我們還要繳稅。

　　因此，我們會開始找一些跟別人不一樣的品項。比如說，大家都賣棉被，棉被也有一般消費者到廣上市場可以買到的等級差異，我們會跟百貨公司談別人沒有的，花色不一樣，或者是材質更好的棉被，甚至以量來談訂製的花色，我會跟廠商談，如果我進了一千件的量，那這個花色就是我們的專屬花色，不能再放給別人，這樣我們就有了不一樣的市場區隔，也可以比較有利潤空間。

　　　　　　　　　　　　　　　姐只想超越自己

▼ 媽媽與家人出國幫忙扛貨　　　▼ 第一件為我外公代購的美國衣服

 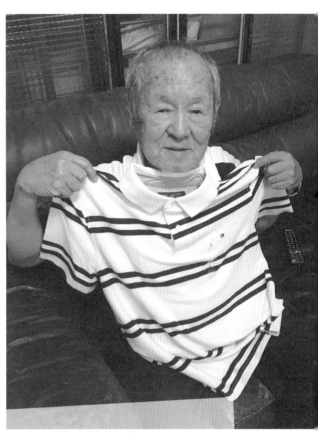

★ Mavis Says :

分享我們數年直銷代購的電商經驗心得！

1. 努力了解市場，更致力於超越市場。

2. 重視口碑，用過才說好。

3. 羊毛出在羊身上，將利潤跟品質回饋客戶。

4. 保有個人風格，努力同中求異。

2.3

真誠
是最有說服力的語言

想說服他人，取得信任，
有時無聲勝有聲。

你的一言一行，眾人都看在眼裡，

心口不一是騙不了人的，終究會被識破。

親 自 試 過
最 好 的 才 推 薦

古有神農氏嚐百草，現在有 Mavis 試百貨

　　很多人做代購的時候都是看哪些東西是熱銷款就推哪些，多數的團媽甚至只喜歡推高利潤的東西，畢竟任誰都不會把送上門的錢往外推，但是我卻沒有辦法只考慮利潤。除了有利潤，消費者買到的價錢很漂亮之外，產品還得要非常好。

　　所有在 H&M 上架的產品都是我親身體驗過的。沒用過的產品我是不會推薦的。

　　就算是保養品，我也一樣用我的臉去試，很多客人看我這樣，都會心疼地提醒我這樣拿臉試產品，到最後會得酒糟性肌膚。但如果我沒用過，連我自己這關都過不了，我是沒有辦法說服自己去向消費者推薦的。

　　不要以為我做到這樣的程度就一定不會有客人客訴，你的蜜糖是我的毒藥，每個人的膚況不一樣，算我覺得超好用，也會有人覺得難用，或者用了之後會過敏；所以，我們不斷開發新的更好的產品來盡量滿足各種需求的消費者。

　　古有神農氏嚐百草，現在有 Mavis 試百貨。我常覺得我試用東西是沒有極限的。

令人害羞的第一次

　　自從做代購之後，我過著什麼都試，什麼都不奇怪的日子。

　　沒有什麼產品我沒試過，但不得不說，在情人節前夕我們做了一檔潤滑劑，算是我到目前為止試用體驗最特別的一次。因為這款產品標榜使用時有溫熱感，會讓人覺得有彷彿回到初戀第一天的感受，當我一決定要推出這個產品的時候，就引發萬眾期待的效應，包括自己的同事也引頸盼望，這一點真是出乎我的意料！我從來不知道女性私密部位的產品市場需求這麼大。

　　也因為這是 H&M 平台第一次要賣這類型的產品，同事超

▲ 所有商品堅持一定要試用

開心，我給每個人發了一條潤滑劑之後，自己也帶了一條要
回家試用。沒想到那天因為太忙，小孩也要上課，因此作罷；
沒有料到我第二天到公司，同事見我走進辦公室，滿心期待
要聽我的心得，見到我搖頭，竟發出一片失望的哀號聲。

「你就是要用啊！沒有用你怎麼講得出來？」

「啊！不就是溫溫熱熱，然後像初戀嗎？」我一臉淡定
地說。

　　「不一樣好嗎？會有刺激感，拜託！Mavis 你這麼真實，一定要試用，你這種臉一定會賣不好！」

　　為了不辜負大家的期待與消費者長期的信任，我一定得親身試用這款潤滑劑，但因為家中有長輩跟小孩在，要我放開做害羞的事，內心還是很掙扎的；所以為了讓我們能甩開一切包袱全心投入，同事立刻幫我預訂飯店，當天下午三點半在公事告一段落之後，我跟老公就直奔艾美酒店，身體力行試新品。

　　「老公，你有感覺嗎？」

　　「有，裡面好像火爐欸！」

　　可能因為要投入體驗每一分感受，那一天就像回到初夜當晚般激情，當下午五點，我頂著一張疲累的臉走進辦公室的時候，全辦公室的同仁都起立為我鼓掌，迫不及待地聽我分享。當我陳述使用的經驗時，在辦公室裡的每個人都聽得臉紅心跳，紛紛拿起電風扇降溫，我則是整個人從腳尖到頭髮都跟煮熟的蝦子一樣紅，臉燙得跟火爐一般。

　　後來在直播現場，秉持著試用的真實感受，我們索性放開來分享……後來那一款潤滑液總共賣出了超過一萬五千

隻，除了顯示女性朋友對這項產品的渴望有多麼強烈之外，我想自己在直播分享試用心得時，臉上遮不住的「天然」粉嫩嬌羞必定是最大的加分；情人節那天，連媽媽都在吃飯的時候偷偷問我：「妹妹啊！你那款還有沒有？可不可以給我一條？」

曾經有一款超級有名的韓國氣墊粉餅問我要不要合作，也願意開授權給我，不僅利潤好，價格又漂亮，以我的銷售經驗判斷，銷量一定很可觀，連想都不用想，這樣的產品只要一推出，一定會爆單。但是我的經驗也告訴我，可能推這一檔我會賺到一次甜頭，但是我一路苦心經營的聲譽就毀了。

一直以來，我始終堅持不賺快錢，只賺良心錢，因為用誠信換來的永續經營才是不敗的真理。做代購跟直播這一行，口碑很重要，客人都是一個帶一個，如果只是好賣或者利潤好、或僅靠單價低，就等於是操短線，只做這次生意，就沒有下次了。

如果一樣產品售出之後，沒有客戶表示：「這好好用喔！我還要回購！」那麼，就可說是毀了，這等於是殺雞取卵的行為；所以即使氣墊粉餅再有名，口碑不好我們都一樣推掉，雖然那款銷量應該會很不錯。

★ Mavis says :

　　Mavis 始終相信，真誠是最有說服力的語言。作為一個代購直播主，我秉持真誠的態度，堅持產品一定會親身試用，並將使用心得誠實以告。獲利雖然重要，但不誠實的錢我不賺，絕不辜負客戶的信賴。

姐只想超越自己

Mavis & H

呷 好 道 相 報

好東西就要和好朋友分享

我得了一種用到好物就想分享的強迫症,隨時都有股衝動,想要把好東西介紹給大家。大家可能會覺得我是個工作狂,三更半夜在試產品也就罷了,還想即時直播,有事嗎?我沒事,我不是直播上癮,我是熱愛我的工作,對滿足顧客上癮,工作的熱忱讓我無時不刻用到好物就想分享。

我深深感到自己很幸運,我做直播分享是因為我真的真的很喜歡做這件事。就算是在洗澡的時候,用到一款潤髮乳,在摸到的當下發現:「啊!這真是絲滑柔順,而且迅速吸收,實在是太好用了,我一定要分享給大家看⋯⋯」下一秒才想到自己身上一絲不掛,只好勸自己:「Mavis 你冷靜,冷靜一下,你真的要播嗎?你現在沒穿衣服欸!」當下也會因為「要不是自己沒穿衣服,我就直播了」而感到有點遺憾。

　　對直播這件事，我是很開心的，而且真的很享受當下在做這件事的快樂。這也就是為什麼別人看我們的行業會覺得很辛苦，的確也非常辛苦、十分累人，但是在做這些事的當下，我是覺得很幸福的。

真實入鏡，不演人設

　　我不只隨時想直播，也拉著老公小孩一起入鏡，久而久之，攝影鏡頭在我們生活已經無所不在，他們也很習慣隨時被 Cue 到，無論何時何地都可以來上一段。很多客人表示很喜歡看我跟老公的互動，整個就是很鬧很搞笑，覺得很真實，沒有任何的矯揉造作。

　　我們是真的是走到哪兒都在鬥嘴，並沒有故意要塑造出「搞笑夫妻」這個人設，這只是真實呈現自己的日常樣貌。有一次我們到銀行辦理業務，又當場鬥起嘴來，承辦的行員剛好是我們的客人，他直勾勾地看著我們說：「哇！我好像在看一場直播秀喔！」

　　H&M 是代購直播的靈魂，大家都知道這對搞笑夫妻很愛鬥嘴，甚至覺得我們根本就是刻意營造出來的，但我們很清楚，這不是人設，而是日常，或者可以說，這是一種真實的

「溝通的方式」。我們倆一天不知要吵多少次，連進貨多少都可以爭，公司從上到下都已經很習慣我們「激烈的討論」，因為最後一定會導出對公司有益的結論。

　　我一直覺得真誠是 H&M 雷打不動的特色。我跟老公的直白式互動也圈了不少粉，大家就是喜歡看我們鬥嘴的歡樂氛圍；我們賣潤滑液，也開放讓觀看直播的朋友問我們私密問題，絕不藏私。很多網友或者是顧客看到我們夫妻的互動，會覺得很有趣，很真實，因為我們直播從來就不是在演戲，而是在「享受做自己」。

▲ 我媽說我要是唸書有那麼認真就好了

▲ 無時無刻都在做準備

　　還記得有一場直播，當下他有個舉動我覺得這樣真是白痴的很可愛，就輕輕拍了一下他的臉，沒想到男人的臉是逆鱗，他覺得男子漢的面子受損，很火大，頓時劍拔弩張，整場氣氛都緊張了起來，火藥味隔著螢幕都能聞得到，觀眾在下面留言說：「你們都快要打起來了！」

　　別擔心，我們就是這樣，有時候鬥著鬥著真的會不小心擦槍走火，但是從來也不會真的動手，然而就因為戲劇張力及效果十足，也有不少人問我們：「Mavis 你們平常的直播是用演的嗎？」當然不是啊！別開玩笑了，我要研讀一堆資料、寫文案、試樣品，腦袋要記那麼多東西，哪還有空間放腳本？況且，演出來的我們就不是我們了啊！

　　我們就是堅持走自己風格的一對鬥嘴 CP。我不想要我們的購物平台做得跟 MOMO 很像，因為他們就是很多細節，像是擺布幕就得擺正、東西得擺整齊之類的。我反而會特別叮嚀同仁要擺斜一點，因為我們就是不要有購物台的感覺。

　　大家現在都喜歡看真實的東西，所以我們也沒有一定要正經八百的在公司直播，有時候在家裡直播金門貢糖，邊播邊吃，生意都很好，客人喜歡我們就是因為我們帶給大家的感覺很誠懇，互動就是真，而不是 SET 好的橋段或者是故意製造的效果。

「真」也要謹言慎行

順帶再一次提醒，代購在導購的時候真的要謹言慎行，就算搞笑如我們有時候也會不小心踩到意想不到的雷，並不是因為介紹產品所使用的語言觸犯了衛生局的管制，而是尬聊的時候順口講出的話引來的風波。

大家都知道我老公是金門人，前陣子我們介紹了金門特產，想要藉此讓更多台灣人知道金門有哪些好物，便開始會有特產店反應為何獨厚少數幾家廠商。

有朋友的媽媽看到我們的直播後生氣的抱怨 —— 為什麼買到的菜刀不如在 H&M 買到的便宜。

那次的事件更讓我們引以為戒，留意未來在介紹商品時即使不改風趣，但說話應更加謹慎，考慮到的點應更全面。

直播是一種陪伴

從開始做代購直播之後，我一路觀察下來，在這個行業裡，能夠大紅大紫的經典人物，都有自已無可取代的特色，或許他們不全然是百分之百真實的自己，或多或少有一定程

度比例是演出來的人設，但總會有特定專屬的受眾。每個直播主給大家的觀感都是不一樣的，觀眾各取所需，各有所好。

我認為某種程度上，直播是一種陪伴事業。你想要成為什麼樣的人，陪伴什麼樣的受眾，都是要思考的。在網路裡拼搏的小紅、迷你紅、或者是奈米紅何其多，不管是隸屬於哪一種，不要只爭取曝光，還要爭取被大眾記得。

提到封館直播，大家第一個一定想到 Halo Mavis，提到瘋搶特賣會，也一定會想到 Halo Mavis，提到代購界的百貨公司，同樣會聯想到 Halo Mavis。沒有特色的東西是不會有記憶點的，別急著往前衝，先想一下自己跟別人不一樣的特色在哪裡，找到自己的方向與形象，就容易能經營起屬於自己的粉絲。

姐只想超越自己

★ Mavis says:

給想要在直播界闖出一片天的你!

　　我一直認為,「真金不怕火煉」是有道理的。這不是因為金子有多強大,是因為它就是金子,不是其他的東西。所以,想要在一片網紅當中存活,甚至是變成指標性的人物,不是去模仿最厲害的網紅,是做最真實的自己。財富不一定能帶來長久的快樂,但是活出真實的自己是可以讓自己快樂一輩子的事,就像我們一樣。

2.4

用心
讓客戶有感

當你專心一意為客戶著想，

不要吝於將你的心意展現出來，

這是一種買賣之間的良性互動，

也是彼此信任的來源。

Mavis & H

看 不 見 的 努 力

嚴以律己的堅持

　　創業者必須具備很多特質，其中缺一不可的必要條件就是自律。在一年 365 天當中，我多數的時間都是切換在工作狂的模式上。有很多廠商跟我反應，我是他們所配合的直播主中相當自律的一個。的確，在工作方面，我算是個相當自律的人，因為我早早就體會到──自律不但能讓人自由，也帶來成功。人一旦品嘗到自律所帶來的甜美果實，過程中的痛苦就算不了什麼。

　　在工作上，我自律到一個極致。

　　我對自己的自我要求很高，每天該做的事一定寫入排程，並詳列清單；當日事當日畢，絕不拖延。尤其是文案，再忙再累我都會當天寫完。就算有時跟朋友約在大安森林公園跑

步，跑著跑著文案就出來了；我也會一邊拉筋一邊寫文案，有一次應酬喝醉了，我和老公在路邊等計程車，恍惚間突然想到文案還沒有打，就蹲在路邊打起文案來。風雨不能阻擋我的熱情，喝醉也不能影響我打文案的工作。一有空，我就會拿起手機來打文案。

朋友都會問我：「你到底什麼時候才真正的下班？」

下班是什麼？可以吃嗎？或許是因為我很享受做自己喜歡的事情，所以我沒有在「上班」的感覺。可以說我無時無刻都處在打文案的狀態，每一篇貼文都是我自己打的，也是我安排好的。當晚上八、九點大家都躺在沙發或床上準備要滑手機追劇或者刷朋友圈的時候，就是我發文的最好時間。通常我會將時間設定好，一到點就開始發最重要的文案，一直到直播前都還在發。

在撰寫文案這件事上，我從不假他人之手，當初一個人做代購的時候，我自己寫文案，現在事業發展成頗具規模的公司，也有了自己的團隊，但是對於文案，我仍舊堅持要親「歷」親為。

因為文案要傳遞的是產品的精神，很多東西除非親自使用過才會知道這個項產品要怎麼介紹，所以我一定會親自體

姐只想超越自己

2023 年 3 月 27 日 12:53

Mavis 文案排程表

3/16（四）

- ✅ 大黃水
- ✅ ADLV

3/17（五）

- ✅ 益生菌
- ✅ Dermo 洗面乳
- ✅ ADLV
- ✅ 水梨汁預告

3/18（六）

- ✅ 震動眼霜
- ✅ CC 霜
- ✅ ADLV

3/19（日）

- ✅ 身體刮痧
- ✅ ADLV 帽
- ✅ ADLV 衣服總集
- ✅ 外秘體面膜

3/20（一）

- ✅ Ihee 頭皮去角質
- ✅ Ihee 免沖洗
- ✅ 刮痧臉部
- ✅ Feld 安瓶預告

▲ Mavis 每日親自打文案的行程表

驗,自己陳述,真實展現產品的「使用者經驗」。

老公心疼我工作忙碌,要處理一堆事情,建議我把文案先轉出去讓別人處理,或者是分配一點工作給同仁,我認同很多事情需要分配給同事或者是小編,但是文案是很重要的,使用者所寫出來的文案才是「真誠意」,才能有血有肉、有感情,畢竟小編打出來的東西就會有小編感,無法深刻,顧客看完的感受上就少了那一點共鳴。

真心享受工作

時間花在哪裡,成就就在哪裡。我從來不否認自己是個工作狂,講到這三個字,我甚至會浮現一點點驕傲,因為享受工作跟被工作追著跑是不一樣的,我不是普通的工作狂,我是快樂的工作狂。

有很多所謂的工作狂是為了錢拼命工作,但不一定快樂。朋友的老公每天辛勤跑 Uber 做外送,一個月可以賺到九萬、十萬,相當優渥,但是當我問到,「他真的很愛這個工作嗎?」得到的卻是朋友「沒有,他很愛錢!」斬釘截鐵地回答。我相信沒有人不愛錢,拼命工作也是對的,但能愛上工作是幸福的。

　　　　　　姐只想超越自己

我真的很愛現在的工作，並且全心全意付出。很多人說你真的很愛打文案欸，但是當文案貼出去之後，看到很多人看到紛紛在下面留言表示很喜歡這個產品，這些正面的回饋鼓舞了我，我的堅持是對的！

獅子座 A 型的我向來就是走著「你不逼自己一把，怎麼知道自己有多厲害」的逼死自己路線，加上我本來就是個性很急的人，如果我看到很多東西擺在我前面等著我拍，我會很急躁，也會很恐慌；心想，怎麼辦？我該從哪裡開始？所以我會列出清單，每天專注在完成代辦事項上。

我認為要把事情做好的先決要件是要清楚了解自己的個性，再針對自己的個性去找到最適合自己的方式進行。比如說直播的時候，我原本連草稿都沒有，會直接將感覺講出來，但可能會不小心講出法規上不允許的字眼；於是，我便開始寫筆記、列清單提醒自己。

也有韓國供應商反應我講話的速度真的太快了，聽不清楚，我才意識到，由於自己太熱情，太急著想分享，語速不自覺加快，很多字都糊在一起。因此，現在的我會事先將題綱列出來，先講感受，再講成分，有條理地說明，讓直播呈現出最佳效果。

　　「黑貓、白貓，能抓老鼠的就是好貓。」不管使用什麼方法，有幫助的就是好工具，我用的時間管理工具每個人手機裡都有，就是內建的 To-do 軟體，最簡單也最有效，每當刪掉一件事情，我就會更自信一分。厲害的人從來都不是寫滿代辦事項，而是把寫滿的待辦事項刪掉。

★ Mavis Says：

成功就是簡單的事情重複做。
不管是不是精英，所有的事都可以用清單搞定。

姐只想超越自己

堅 持 弄 懂
每 一 條 法 規

小 心 禍 從 口 出

2011 的雙十一檔期，我們瘋狂介紹產品，沒想到訂單秒進，罰單也跟進，我們收到了衛生局的三張罰單，都是因為我介紹產品的時候講太快，不小心講了「禁忌語言」，有很多人可能不知道，產品介紹不是想說什麼就能說什麼的。

按照規定，除非產品含熊果素跟傳明酸到一定的比例才可以宣稱有「美白」功效，否則一律只能講「亮白」；若針對皮膚過敏的情況介紹，不能講「鎮定皮膚」，只能說「舒緩肌膚不適」。甚至連提到食品的成份「很天然」也不行！必須說這項產品是「天然萃取」的。

林林總總的規定多如牛毛，這次口袋大失血的經驗讓我開始發奮圖強，努力嗑起《食品衛生管理條例》以及《食品

藥物處理法規》等法令條文。我媽常笑我：「當初如果這麼用功，早就上台大了。」我心中則是暗自慶幸，還好自己當初沒有上台大，不然就沒有今天的事業，也沒有 H&M 了。

在這段人生經歷中，Mavis 想跟大家分享的是，很多代購主或團媽在寫文案或者介紹產品的時候，會專注在如何用話術吸引消費者，卻不清楚不小心講錯話可是會吃罰單的。沒事不是因為所説的內容不會被罰，而是因為聲量沒有大到引起關注，只要有心人去向有關單位檢舉，那罰款的金額可是讓人吃不消的。

因此，專業的賣家務求先弄清楚有哪些話能講，哪些話不能講，以免往往一不小心，口誤或一字之差都可能讓自己的荷包大失血。

國考級法規筆記

我一直以一個負責且合法的代購業者自詡，所以，我會不斷翻書確認新的規定與説明，為了避免誤導消費者，我不僅研讀法條，還勤做筆記，用螢光筆標註出容易講錯話的部分，並標上註記。比如説，我們在賣私密處凝膠時就會特別謹慎，因為包括滅菌、醫美跟人體有扯到變化的「效果」都

姐只想超越自己

不能講，我們在介紹的時候得很有技巧地規避，但又必須讓消費者有感，其實很有挑戰性。

代購是良心事業，我每天唸很多資料，逐項檢視，每次特賣會的時候，筆記攤在地上可以鋪滿整個房間，像地毯一樣。

有一陣子含有積雪草成分的保養品很夯，很多團媽可能會說積雪草能美白，很好用，但我覺得「好用」兩個字是不足以說服客人的。我會去查資料，知道積雪草有什麼成分、功用、什麼樣的人適合擦，等查完資料才寫出一篇文章，雖然費盡苦心的結晶常常被偷懶的同業 COPY 使用，文案被盜用的情況層出不窮，有的人甚至一字未改，全文照登……

我曾介紹一款益生菌，提到兒子啾哥吃了很開心，赫然見到對方的文章不僅一模一樣，連「啾哥都吃了很開心」都沒改，只能苦笑——一個業者用不用心，對產品跟消費者能不能負責任，可見一般。

Mavis 想提醒大家注意的是，很多新手代購以及團媽最喜歡做食品類或益生菌，因為大家每天都會用到，進貨門檻也低，但是其實食品的利潤並不高，而且台灣對食品法規相當嚴格。

　　曾經發生過，產品本身沒有問題，僅是因為標示錯誤就被退回韓國全數銷毀，造成的損失相當慘重，「標示錯誤」更不是因為食品含有不良的成分，只是因為中文標籤的部分添加劑的名稱不同，沒有改成台灣的慣用說法而因此被打回票，相當無奈。

　　從這個經驗，我們發現，食品沒有想像中好做，建議新手代購如果真的要做的話，就進一些成分簡單的東西，比如說石榴水就是石榴跟水，沒有其他，就不會有什麼問題。

　　此外，現在消費者的主觀意識很強，我們把關就必須要更嚴謹，不能只看利潤，也不能只想說好用或好吃就好，必須考慮的地方更多，包括保存期限，經過海運之後進到台灣還有多少的食用時間，以及天候和保存狀況。

　　　　　　　　姐只想超越自己

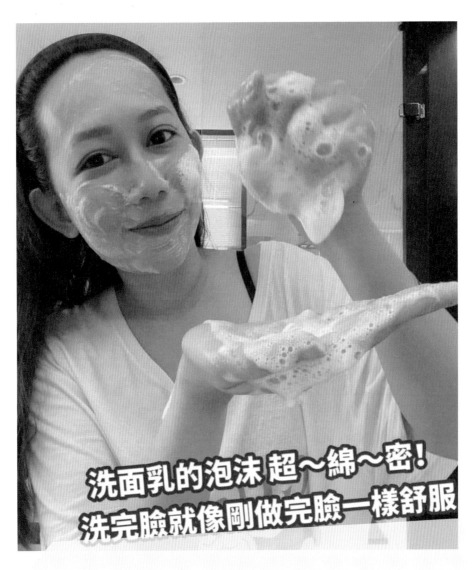

洗面乳的泡沫 超～綿～密！
洗完臉就像剛做完臉一樣舒服

★ Mavis Says：

　　台灣的食品法規嚴格，代購並不容易！建議新手選擇成分單純的商品入手，並考量倉儲保存期限，同時別忘了將運送條件的保存狀況列入考慮喔！

03

Future

走出自己的
康莊大道

HALO MAVIS

3.1

與眾不同的 H&M

這世界上沒有永遠的第一，

因為第一是用來被超越的。

我不執著於第一，我想永遠超越自己！

代購界的百貨公司

無微不至的貼心服務

代購是一個進入門檻很低的行業，很多人覺得代購不是什麼了不起的工作，怎麼做不都是那樣！但是我們不一樣！我認為就算這世界上有千千萬萬的代購，H&M 也是最特別的那一個。

我的雄心很大，我一直期許自己能成為台灣直播電商界的標竿，H&M 有朝一日能夠變成代購界的愛馬仕，所以一直戰戰兢兢謹慎地看待每一筆為客戶做的代購，不斷思考如何優化每一個細節，甚至能做到藉由直播，親自帶大家到國外，親臨現場去感受。

如果真要說 H&M 跟別的代購有什麼不一樣，我覺得我們比較像是代購界的百貨公司。因為我想做到的不只是為客戶

精選良品，更著重在建立客戶對我們的信任。

　　許多不斷回購的客戶是因為我們在每個服務的細節都做得非常好，包括嚴格把關商品、公開透明的商品真實體驗心得與合法開立發票，這些與在百貨公司購物的條件是不分軒輊的，往後，顧客還能夠在 H&M 的旗艦體驗店親自感受商品之後再下單，這一點又更具體化實踐了我的理念。

　　拜市場早期仿冒品浮濫的現象所影響，很多人第一直覺就認為在直播上面買到的貨都是假的，就算是出具購買證明

▲ 與 DKNY 設計總監相見歡

姐只想超越自己

也被質疑是仿冒：「怎麼可能在直播上面能買得到正貨？」
我知道在我們這一行有很多害群之馬，一旦負面新聞爆出就
容易讓大家對直播的貨品有以偏蓋全的誤解，我們無法保證
其他代購，只能盡量做到讓消費者在 H&M 買到的商品跟在百
貨公司買到的東西是一樣的。因為我們能感同身受，如果不
是去實體店面或者只在網路上看照片就下單，消費者一定會
感到害怕，我們也一直很努力在扭轉消費者的偏見。

H&M 只賣正品

　　我相信，只要自己站得住腳，就可以很大聲的跟人家說，
我們家賣的是正品。儘管有很多客人相信我們，但市場上大
陸 A 貨充斥的後遺症，讓很多人會拿尺量包包花色的間距，
連拉鍊五金是不是 YKK 都會一一去確認；我們的客服偶爾
難免會被客戶激怒，然後懷疑起自己，我們會很認真地說跟
告訴客服，你可以大聲跟客人說：「我們的貨是真的！沒問
題！」

　　代購做久了之後就會覺得，必須要做永續性的生意，能
夠把關的我們就盡量把關。也曾有很多人問我們，為什麼不
成立轉賣社團，這樣他們手上不合用的貨就可以再轉賣出去，
但若轉賣社團轉賣出去的商品不知道是真是假，卻打著自己

的名義，那我會覺得非常冒險。我們必須非常愛惜羽毛，只
要是我覺得我們有能力做到的，都會盡量配合，甚至從我們
手上賣出去的球鞋都有扣一個防盜鎖──一個束帶，如果消
費者把束帶剪掉，我們就不負商品責任，這是我們所能做到
的最大極限，就是將商品原封不動把關交付到消費者手上。

▲ 所有購買的收據發票都要留好，讓客人更放心。

姐只想超越自己

嚴 格 為 消 費 者 把 關

我知道市場上的團媽力量大，我們只要創造下游，供貨給他們，生意就很好做。

但截至目前為止，基於品質的把關，我們還是沒有放貨給團媽，H&M 能在代購界走這麼久，除了求新求變，就是極度注重商譽跟名聲，如果把真的貨賣給團媽，但是團媽卻不盡然賣真貨給消費者，在無法從下游把關商品的情況下，好不容易才建立起來的消費者信賴，很可能一下子就垮下去了。

網路世界就是這樣，成敗在瞬間，起來很快，倒也非常快，不能不慎。

很多人只想炒短線、賺快錢，認為仿冒品利潤高、銷貨快，反正現金拿在手，一切都好說，管他真貨還是假貨。但是我奉勸大家，要將眼光放大，一旦熬不過，貪賣了一個仿冒品，就永無翻身之日了，就算以後想要代理或販售正品，也很難再取信大眾。

錢可以慢慢賺，但不能讓辛苦建立的商譽毀之一旦。

▲ 親力親為出國採購

★ Mavis Says：

真的假不了，假的真不了。

　　為客戶嚴格把關商品的品質，是我們責無旁貸的堅持，這也是我們回報消費者一直一來忠誠支持的重要原則。

姐只想超越自己

演唱會等級的特賣

來自世界各地的訂單

為什麼這麼多人？在排演唱會嗎？不！是 H&M 在舉行特賣。

很多客戶告訴我，H&M 的網站擁有一種神奇的魔力。起初我也不大懂，直到有一次，我的美國朋友跟我說，他姊姊在美國請在台灣的他幫忙到 H&M 國際連線的網站下單購物。我感到十分不解，在美國買包不是比較方便嗎？為什麼要特地到我們的網站上下單？但他笑稱，姊姊原本只是隨意在逛臉書，結果刷到 Halo Mavis 的臉書直播就被黏住了；也有個朋友說，他原本只是想跟風買韓國洋芋片桶，結果看直播看到著迷，手就不經意地點、點、點，一回神，結單金額已經超過五千元，他也不知道自己到底東點西點，下訂了多少東西。我這才發現，原來這種獨特的吸引力，就是我的成就感

所在。

其實不只是台灣、美國，我們也接過來自馬來西亞、香港、大陸以及澳洲等國家客人的訂單，很多商品他們在當地買不到，或者是無法直購，當他們從臉書知道 Halo Mavis 能夠替他們解決購買問題，就會聯繫我們進行下單代購。

目前在我們銷售平台的代購商品品項已經有一、兩千種，但也因為客人越來越多，客層越來越多元，我們也希望能盡可能為大家爭取到更多的品項與供貨量。像包包之類的商品，每到特賣會就引發消費者瘋搶，有很多人都反應我們家的東西很難買，因為受眾也多，每次開特賣會就跟演唱會一樣，想要搶便宜的客人繞著建築物好幾圈等待進場。儘管我們的進貨量一年比一年多，但數量遠不及顧客的成長來得快，所以常常到了特賣會商品就供不應求。

網路盛傳 H&M 的特賣會是演唱會等級的，如果晚了，根本就排不到，就算你排到了，也不一定搶得到；但是只要買到，那就是賺到。

現在的消費者不僅聰明、眼光雪亮，也超會比價，不是真便宜是燃不起他們的熱情的。憑藉客戶的口碑以及媒體的放送，H&M 特賣會的盛況已經變成了松山區獨特的風景。

　　　　　　　　　　姐只想超越自己

熬夜排隊的特賣會

有一次特賣會的前一天剛好是颱風天，雖然擔心天候影響特賣會，但我們仍努力將場佈完善，等會場佈置好了，一切等隔天開賣，我們終於可以鬆口氣去吃東西。然而，根據經驗，總有人在開賣的前一天提前來「紮營」排隊，所以在離開會場前，我們還不忘上臉書去呼籲大家：「不要在颱風天太早來排隊，以免危險，當天早上再來就好。」

沒想到，後來吃完飯，我回到公司拿東西的時候發現，已經有人在會場前面搭帳篷、擺小板凳……我永遠無法忘記那一幕，在颱風夜的前一晚，深夜十一點多的燈光與人影，是連颱風也無法阻擋，H&M 鐵粉的熱情。

認同我們理念的客人越來越多，有些人跟我們買貨，買到最後變成好朋友，也有些人一路排隊，排到最後變成同事。我有個同事，以前也是我的客人，對特賣會特別有感覺，因為他也曾經是拿過充氣沙發來排隊的一員。原本只是想要簡單辦個特賣會，沒想到迴響超過預期，規模越來越大，不是我們的貨少，而是熱情的客人真的太多。

曾經有一次，擔任副議長主任的朋友打趣說收到松山區民眾打給議員的陳情電話，開口就問：「你是不是認識一個

松山區的直播主？」原本以為對方與 Halo Mavis 有什麼恩怨情仇，結果，下一句居然是：「可不可以幫忙買包包？」當然這或許是玩笑話，但是也顯見 H&M 的知名度與消費者的支持信任。

很多朋友對這種自發性的演唱會級別特賣盛況感到嘖嘖稱奇，紛紛納悶我們是怎麼辦到的。基本上，我們的折扣跟團媽還是相去不遠，畢竟我們要合法報關與納稅，售價不可能便宜到市面最低，甚至有時候開價還高過團媽一點；那既然價格差不多，消費者也一定有辦法找到更便宜的購買管道，同樣的品項就算跟其他團媽購買也能買得到，為什麼有這麼多人願意瘋狂來排隊？

我覺得這是因為信任，我們品牌給人的感覺是：我們賣的就是百貨公司等級的貨，在我們這邊就是能買到正品。雖然我們是透過直播的方式銷售，商品的品質把關卻從來不打折扣，我們一直在持續努力提升大家對直播的信任度。讓大家知道——我就是直播界的百貨公司，讓客人再去教育客人：經由直播也能買到跟百貨公司一樣的貨。

姐只想超越自己

史 無 前 例
代 購 體 驗 旗 艦 店

看到、摸到、體驗到

　　H&M 在今年決定擴大公司的規模，並且催生代購旗艦體驗店，這是代購界史無前例的創舉。因為市場上直播代購界的業者良莠不齊，讓很多客戶對產品產生質疑，對多數直播抱以不信任的態度，甚至有認定便宜就是假貨；所以，我想要讓一些對於直播抱持疑慮及缺乏信任的客人，可以實際來到 H&M 的旗艦體驗店，實際感受商品的質量、體驗保養品，看看是不是真像我直播所說的一樣。透過店內左側設立的大螢幕，持續輪播我們精彩的直播影片，藉由這家實體店鋪，客人更能了解到我們在做什麼，這要比單獨開一家店要來得更有意義。

　　讓客人安心是我從代購初期至今一直堅持的最高準則。通常一樣爆款產品就有千千萬萬個仿品，只要是熱銷商品都

免不了碰到仿冒品，因此 H&M 只要跟一個品牌談直播代購，就會簽訂授權證書，以證明廠商是合法授權 H&M 在台灣販售該品牌的正品。因此，旗艦體驗店除了有產品體驗區，能讓客人親手感受商品的質量，在一進門的右手邊，更能看到整面牆掛滿了各式品牌商與我們簽署的產品證明及授權書，我也將為 H&M 處理法律事務的律師證照擺在最顯眼的位置，消費者可以看到，在這裡，每樣商品都是「掛保證」的，讓消費的客人得到充分的安心保障。

預約專屬的體驗服務

為了提供顧客最好的體驗，任何一個小細節我都不願意妥協。光是招牌與陳設就經過了一番「H&M 夫妻 style」的溝通，小到包包到底要朝內擺放還是朝外展示等，都經過一番的激烈討論。

我老公認為商品應該要朝外展示，因為外面的店面都將產品的正面朝外，才可以吸引顧客；但我覺得要朝內，因為「它」不是店面，是專門為來到 H&M 的客人所打造的，所以並不收臨時進店的過路客，產品朝內放是以店內客人的感受為主。就算是過路客被展示的商品吸引，想要入內，也依然必須預約，我們想打造一個讓顧客安心體驗的空間，我認為

「龜毛」是一種必須。

　　旗艦體驗店和一般商店不同的地方在於，除了採行預約制之外，我們不做現場販售，若是客人覺得商品好用，歡迎到線上下單，如果覺得喜歡商品，也可以在下一場直播的時候鎖定更近一步的說明。

　　我們預設在旗艦體驗店營運初期，讓每位預約的客人都擁有十五分鐘到半小時的專屬體驗時間，不受其他客人的干擾，可以專心地試用產品。我們也安排了專人解說，提供各種諮詢服務，務求這黃金十五分鐘的體驗時間能夠讓客人有最頂級的感受。當然，在營運一段時間之後，會再做出更貼近消費者需求的調整。我們不怕客人試，就怕客人不來試。

　　由於每個品牌的商品都各有特色，並不是隨便覺得東西好賣就拿出來賣，在 H&M 高規格的把關下，客人甚至能夠體驗到 All Green 等級的保養品。簡單來說，除了完銷沒有庫存的商品之外，所有曾播過的代購產品都會陳列在體驗店中讓客人試用，在空間允許的條件下，客人能夠在這裡體驗到所有的線上販售商品。

3.2

面對各方攻擊，
你的心臟要夠大

不管有多誠懇，
遇到虛偽的人，你就是造假。

不管有多單純，
遇到複雜的人，你就是有鬼。

不管有多真誠，
遇到懷疑你的人，你就是謊言。

不要在乎他人的評論，也不需要辯解，
只要專心強大，因為事實會替你說話。

謝 謝 黑 你 的 人
讓 你 翻 紅

浴火鳳凰之真金不怕火煉

很多人以為代購又輕鬆又簡單，只要飛出去把貨買回來賣給客人就好。現在網路發達，購物管道暢通，甚至是不用飛出去，也能從網上訂貨，只要滑鼠輕鬆按，錢就能輕鬆賺。也有很多人覺得直播很輕鬆，只要在鏡頭前面穿得美美跟客人聊天講話就行，客人就會買單。於是直播跟代購成了現下許多年輕人創業的第一選項。

但是我必須要很殘忍地告訴大家，大家所以為的輕鬆賺，其實一點也不輕鬆。很多人羨慕 H&M 驚人的成長與業績，覺得我們夫妻兩個人過的是那種只要隨便喇賽就能讓產品大賣的神仙生活。要知道，天上只會掉鳥屎是，不可能掉餡餅的。天知道要多努力才能讓我們在鏡頭前面看起來毫不費力！

簡單說，我們兩個人等於把一間公司所有的職位都扛起來，還必須規劃、採購、行銷、文案，不僅所有的事情要一手包辦，更得應付隨時出現的突發挑戰，你說難不難？說不難是騙人的。坦白說，這並不是個夢幻事業，你的心臟得要夠強大才行。

在疫情席捲全球之下，全世界的整體經濟環境都無一倖免地受到影響。代購這一行雖然因為宅經濟而逆勢成長，但是面對大品牌的廠商競爭壓力，電商的群雄崛起，加上新生代的代購群又不斷起來，壓力之大遠超過眾人想像。

競爭是血淋淋的，總是會面臨到攻擊與挑戰，很多品牌在台灣有代理商，會因為業績被代購瓜分影響而吃味，也有競爭的同行眼紅、有非理性的顧客攻擊，讓我們在努力前進的過程中，荊棘重重；甚至在大紅的時候，不僅網民關注，連政府相關單位都投來了異常關愛的眼光，當公司過年休息沒有開發票都會有國稅局的電話來了解狀況，同業攻擊更是一種常態。不是猛龍不過江，我常覺得 H&M 在代購業就像是浴火鳳凰，歷經百般困難挑戰而不斷突破成長。

不管從事什麼行業，如果沒有人攻擊你，可能不是因為你人緣好，而是因為你還不夠大到成為他人的威脅。每個行業只要成功，都不缺瘋子同行，我們去美國封館直播之後，

有很多同行攻擊我們，在我們的平台上有什麼商品賣得好，他們就會把一樣的東西 PO 出來，然後直接把成本公諸大眾，當時我很難過，明明自己實實在在做生意，為什麼要用這種方式攻擊我？

可是後來我想通了，轉念改變自己的心態，抱著感恩的心看待這些從天上掉下來的免費行銷機會。人不可能一直都一帆風順，總也有處於劣勢的時候，要如何把情勢轉到自己佔優勢的局面，靠的不只是本事，還要有智慧。遇到攻擊的時候，不妨轉念想想：大家都知道你在講我不是壞事，因為原本人家可能不認識我，但是因為你在講我，大家就會開始討論，或者是看我的文章，而認識了我，我反而因禍得福。

我連在當小小代購的時期都免不了成為攻擊的箭靶，更何況是現在的 H&M？已經在代購界有一定地位與聲量，成為他人眼中的威脅，黑我的還會少嗎？有趣的是，一模一樣的情況不斷重演，只要有人攻擊 H&M，就會再替我們拉來一堆原本不認識我們的客人，創造新一批被我們直播黏住的粉絲，大家一開始都是抱持著「到底是真的還是假的」的心情進來我們的網頁窺探，後來一買就成主顧，變成支持我們的忠實客戶。攻擊有因為我們越做越好而消停嗎？沒有，但是只要又有人攻擊我，現在我的心態就是——好啦！又有免費的行銷來了！太棒了！

　　樹大招風，人紅招嫉是常態，我們不能決定別人，但可以管好自己，只要要抱有逆轉勝的積極心態與良好的方式應對，所有的危機，都會帶來禮物。在這邊 Mavis 想要跟大家分享以下兩點：

1. 扭轉負面新聞，正向加分

　　很多直播會鬧上新聞或者演變成打架事件，就是因為多數人用謾罵來回應攻擊，鬧來鬧去就上了警局。我明白確實有少數消費者可能喜歡看八卦，但多數的消費者只是單純想買東西，我們只要強調自己的優點，無須去攻擊別人。一開始我也是以和為貴，覺得不想惹事情，但卻仍免不了遭受惡意攻擊。

　　獅子座遇強則強。就算自己的確不喜歡戰爭，但是當戰爭已經無可避免時，就只能選擇迎戰。這說的不是我們用同樣的力度去攻擊別人，針對對方的弱點，而是我會選擇用自己的強項去回應。

　　沈記珠寶公司的老闆曾經跟我說：「我們不用去講別人的不好，只要凸顯我們的好，同時去思考對方的不足，看看我們可以有哪些做得更好，消費者就不會聽到你在詆譭別人，

而是只專注在你的優點上。」這真是太有道理了！

有人說你的東西是仿冒的，你可以反過來抓他沒有開發票，別人越是想弄我，我就會越強調自己的好。你的短板就是我的長板，攻擊我的賣家所缺乏但我卻擁有的就是我的強項，對方越是攻擊我，我就越能把自己的優點凸顯出來。比方說我們知道對方這個代購未能提供發票，那我們就可以強調跟我們消費有開發票，是有保障的。

2. 他人的危機是我們的轉機

前一陣子我們引進了石榴水，新聞卻剛好爆料市面上某家石榴水的甜味劑超標，擔心的消費者來電詢問，我們剛好趁這波關注度，將自家的石榴水送去做 SGS 食品安全檢驗，證明就算別人的石榴飲不合格，但是我們的產品是安全的，這樣新聞就自動幫我們 KO 掉對手。

當然，這是因為我們有嚴格把關產品的品質，如果我們賣的石榴水也甜味劑超標的話，那就跟著 GG 了。產品的狀況很多，如果代購業者無法跟消費者交代，動不動都有可能讓消費者失去信心。雖然許多廠商提供高額利潤希望我們可以代理販售他們的產品，但我們始終謹慎以對，提出很多問

題，以深入了解產品是否合格，畢竟利潤雖然重要，但卻不是第一考量。

面對市場上盲目的攻擊，早期我會感到生氣，但現在我會理性地做出「反擊」，將優勢轉到自己的手上；不過偶爾也會碰到完全是為了攻擊而攻擊的人，以前的我會告訴自己不予理會，但是現在，一旦我遇到太過分的人，還是會拿起電話找律師協助——我們可以善良，但更要懂得保護自己。

正所謂，欲戴皇冠，必承其重。既然我們的目標是成為代購界的百貨公司，當然也必須能承受隨之而來的一切壓力。我的個性是遇強則強，這不表示遇到不理性的猛烈攻擊，我們要用同樣的力度去攻擊別人，但也不代表我就會一直屈於挨打的劣勢；雖然面對莫名的攻擊有時候難免覺得心力交瘁，但是一路走來，我們能紅，除了要感謝自己的努力，我其實也感謝這些黑我的人，因為這樣，才讓 Mavis 有更多的機會被看見。

關於心情的調適，我承認，我的心對於直播非常堅定，但是對於那些酸言酸語，我還沒做好萬全的心理準備，可以百毒不侵；因為獅子座真的非常愛面子，對自己的要求也高，我偶爾還是很在意別人講我什麼。

姐只想超越自己

現在我會不斷提醒自己，夢想有多大，心臟就要有多強。如果真的氣到無法調適，當下我有一個很實在的辦法，就是打開電腦，登入銀行帳號，看到上面的數字，心中就舒坦多了。其實，總歸最後一句話，當你做得好、坐得穩的時候，也就不用去介意他人説些什麼了。

　　再怎麼樣都會有些看不慣你的人，遇到這種事情，我自己會想些名言來為自己加油打氣。就好比當你人在一樓，有人當街對你謾罵時，你會感到很不爽；但是當你人在十樓的時候，他在罵你，你會覺得他像在跟你打招呼；但是若你人在一百樓，當他在罵你的時候，你看到的就只是風景，你看不到他，這就是高度。

　　每個人可以選擇自己所在的高度，當你面對消化完這些攻擊之後，就會覺得算了，每個人的高度不一樣，看到的風景就不一樣。套句我媽説的：「你就幫他們禱告就好！」多麼有智慧啊！

以 客 戶 服 務 為 傲

面對「澳洲怪客」

這是個顏值當道的年代，濾鏡與美顏是剛性需求；但是，不管打開臉書的你對代購這一行有多麼美好的想像，我們都必須體認 —— 現實世界是沒有濾鏡的。做好代購並不是把商品交到消費者手上就完成了，還有很多必須要克服的點，客戶服務就是其中很重要的一環。因為，決定事業命運的不是商品，而是客戶的口碑與評價決定了事業的壽命。

很多人對代購無法放心的其中一個原因就是商品的退貨問題，一般的代購保證「買得到、買得好、買得便宜」就已經很難得了，還要保證滿意？那可不容易。

很多消費者喜歡在國外代購網站購買商品，但是有些美國代購業者住在當地，如果台灣消費者發現商品有瑕疵或脫

線，不可能花高昂的運費寄回給美國的代購處理，甚至很多代購業者擺明了「只購買而不負責商品的退換處理」；在這方面，我們務求盡量為消費者爭取到最好的服務。雖然比不上像 MOMO 能夠做到在一定時間內無條件退貨，但只要是 H&M 的客戶覺得商品哪裡怪或者是有瑕疵，都可以隨時向我們反應。

處理客訴對客服人員來說是一種很大的心理負荷。有時候，光是退貨這件事就夠折騰人的，但有些客人就像此生以退貨為樂似的，在收到貨的時候有任何一點「覺得怪怪的」，就打來客訴並要求退貨。我們甚至遇到客戶拿尺或放大鏡來檢視產品，認為某些地方歪了一點點就不是正貨。說真的，連在國際瑕疵認定中都能有三公分的容錯，毫釐必較的客戶卻連 0.1 公分都不能接受。

坦白說，在一開始做代購的時候，我遇到這種吹毛求疵的客人會選擇硬起來跟他耗到底，因為我總覺得，明明是自己千辛萬苦帶回來的正貨，還要被誤會，被客人百般刁難，真的是滿腹委屈……現在遇到同樣的情況，我們的客服人員也跟我一樣，都還是會打從心裡感到無奈。

一樣米養百樣人，這世界上什麼樣的人都有，也什麼樣的退貨理由都不缺。客人會提出各式各樣的問題與千奇百怪

的退貨原因，其中甚至包括——我們在規定的時間內出貨給消費者，但客人卻表示：

「我買這件外套的時候很冷，但現在高雄已經穿不到了，所以要退貨。」

或者是打電話來質疑：

「我住台北的朋友都收到貨了，為什麼我們住高雄的就是沒有收到？是不是我們就是被排在很後面？是不是高雄人收到東西就是比較慢？」

開車需要時間啊！我當時被激到直接走進貨物運送部門吩咐出貨人員：

「以後出貨的時候，濁水溪以南都給我排在最接近新竹貨運的地方，先寄！」

很多消費者認為退貨是一種理所當然的權利，我們也曾經遇到過未事先告知我們就自行退貨的客人，直接將一整箱物品寄回來，外箱上還附了消保法的影本，並替我們畫上了重點，標示出基於哪些條款他可以退貨。在收到的時候，真的是哭笑不得。

不過，說真的，還得要感謝這位客人，讓我們除了知道消費者可以基於哪些理由退貨，也替我們明確釐清了哪些是業者無法退款的理由，替我們省了不少研讀法條的時間，這也是一種收穫。

　　打給客服的電話，除了怪產品、怪時間、怪地點之外，也有什麼都對了，但就是人不對的問題。

　　有些時候，就算真的退錢給客人，對方還會生氣，認為即使我們回饋購物金跟提供小禮物，都沒有辦法彌補他心靈的傷害，以及因為等貨太久，女友覺得他沒誠意而分手的憤恨；情緒一上來，甚至還質疑兩千多元的貨款被我們有心挪作他用。雖然我們都很清楚客戶分手的真正原因絕對不會是因為我們的貨晚到，但對應這樣明顯的遷怒與情緒宣洩，我們得更加小心，畢竟失去理智的人是會跟你拼命的。

　　如果貨品真的有瑕疵，退貨是應該的，但是對客戶來說，很多東西是「感覺」問題，沒有什麼道理。有時候很多消費者打來要求退貨或者跟客服人員抱怨，都是反映他們「感覺不好」，而不是商品不好。

　　比如說，我們曾賣過一檔六十織的棉被，客戶反應棉被摸起來「感覺不是六十織」，所以要退貨。面對這樣令人哭

笑不得的「客訴」，我們只能委婉說明，讓客戶理解產品的優點與清楚真正鑑別的方式，讓客人安心且滿意是 H&M 客戶服務的最高的宗旨，我們無法誇口說自己是台灣最頂規的客服，但是我們總盡力做到最好，只要能力所及，都盡量為客戶辦到，讓客人覺得我們是誠懇的。

即使這樣，仍舊很難免除各種千奇百怪的退貨理由，客服要回私訊之前，甚至都得先來杯咖啡鎮定一下心情，接完電話之後，還得喝杯咖啡壓壓驚。

比如，客人會打電話來反應睡我們網站賣的韓國超輕棉被，蓋到骨頭痛，要求退貨；或者表示：「我朋友說這不是正品」，所以要退貨。客服要處理的多是諸如此類族繁不及備載的怪異理由。

在情人節前夕，我們推出了一檔女性私密處潤滑劑，賣得超好，整個大爆單，但就在情人快到了的時候，開始有一堆人打電話來說要退單，理由並不是產品而問題，而是「我跟男朋友分手，所以用不著」，不然就是「我發炎，不能用」，甚至還有「我離婚了！買這要幹嘛？」這樣的問法很令人匪夷所思，是吧！畢竟，產品想用就能用，我們可以保證產品的品質，但是我們不能保證各位的幸福啊！

姐只想超越自己

我們遇過很多誇張的退單理由，退不退？通通退！雖然，這對成本是一大負擔，但是消費者的信賴卻是無價的。

客人之中也不乏天兵，買到忘記，從過年訂購的貢糖放到三月才想到還有貢糖沒吃，都快要超過食用期限了才拆開，

▲ 我們的小幫手都很棒

▲ 以客戶服務為傲

打電話來抱怨貢糖有油耗味，我們解釋完花生為什麼放在比較熱或潮濕的地方就會有油耗味之後，退！我們不只給退，還送你小禮物跟購物金。

H&M 強調，只要是在我們平台上購買的貨，有任何問題我們都可以協助處理。我們的客服做得很棒，是可以拍胸脯保證的好，只要在可以接受的範圍內，消費者都可以辦理退貨，客人更不會面臨有問題找不到人的情況。

充分授權，確立底線

後來，因為平均一個月內會有大約二十件以上「超過常識能理解」的退貨問題必須處理，一來一往實在太耗費時間成本，最後公司會統一對此類消費者表示：「我們可能做得不夠好，由於您比較嚴謹，建議您直接到專櫃購買，可能還有氣泡水可以喝。」當然這是打趣，我不保證台灣的專櫃會提供氣泡水給顧客，但是我相信沒有人會去專櫃找這種麻煩。

沒有人不希望自己的生意火紅，事業旺上加旺，但身為代購與電商也必須意識到，當平台客源越來越多時，怪客的比例也會跟著增加，這是無法避免的。我們也碰過在 Line 中火氣超大，但是我親自打過去後，口氣秒變溫柔的客人。

確實，老闆親自打去給客人的效果很好，早期都是我們親上火線去對應客戶，但如果大小客訴都得要出動最高層去處理，那公司的其他事情就不用做了。所以我們並不常打電話回覆消費者的問題，幾乎都全權交由客服組長負責，只有碰到明顯已經氣到炸掉或者揚言要報警、或到消基會提告之類的棘手「頑強奧客」，才需要老闆親自出馬按捺。

　　我對客服人員都很好，因為他們真的很辛苦，身為守門員的他們站在第一線面對客戶，常常必須處理各種近乎無理取鬧的退貨要求，沒處理好會發生很多糾葛，壓力真的很大；我要求他們的服務要到位，但是我同時也給了他們耐受的底線，如果真的是忍無可忍就不需要再忍，就算是掛掉電話、設黑名單也在容許範圍之內。人是互相的，我們在能力可及的範圍內將盡可能做到方方面面周全，但是也要請消費者體諒我們只是代購，而不是有求必應的神燈。

　　我愛我的客人，卻不會慣著他們，因為，會這樣一而再，再而三來亂的，絕對不會是未來的客戶。我現在會教育 H&M 的客服，不要浪費時間成本在與客戶周旋上，能簡單處理就簡單處理，讓他們用婉轉的方式開導客戶：如果真的對貨品的要求高，則建議請他們去專櫃買可能會比較放心。若是遇到「強硬份子」提出無理的退貨或其他要求，則以「特別通融」的方式處理，但同時將這樣的客人列入公司的觀察名單。

　　我相信台灣的客人是需要教育，也可以被教育的。我們到現在做了十幾年，還是會有人懷疑。比如，我們的外套是跟韓國品牌總公司拿的貨，但是客人到蝦皮買了一件代購的，卻問我為什麼兩件會不一樣？我反問他：

　　「那你為什麼不懷疑蝦皮代購的貨，要懷疑我？這就好像你拿了一個來路不明的代購的商品，然後去百貨公司的 LV 專櫃去質疑專櫃的東西是假的一樣，你不覺得這樣很矛盾嗎？」

　　客人最後想想説：「喔！好，我知道了，對不起！」

供貨者兼消費者，買東西要聰明

　　雖然我們是代購業的供貨者，但也大部分時間也是消費者，因此站在兩者的角度，Mavis 有些想法想跟大家分享：

1. 當個聰明的消費者，不要只是追求網路上的 Know-how，要有自己的判斷力。

2. 選擇有發票或購買憑證的業者購買。

　　現在有很多消費者，都是因為「我朋友說，這不是真的欸！」就客訴，但朋友又不是鑑識中心的專員，他們的意見只能參考，不能夠盡信。不要讓劣幣驅逐良幣。雖然身為一個良心直播，我只能要求自己。我不能跟所有的消費者拍胸脯保證所有的平台直播都是真的，身為消費者要學習去分辨真假，而不是靠網路講講就可以，最實際的還是要拿到發票或者是購買的證明及收據。

3. 當個保護自己的代購

　　台灣保護消費者的觀念很強，遇到糾紛，通常都站在保護消費者的立場上。相較之下，代購業者反而是缺乏保障的。現在不取貨不付錢的客人超多，面對非理性退貨的情況，我

們僅能收取少許的委任費，甚至有人稱開箱少了東西，也要代購賠償。所以我們在送貨的箱子上都會註明：開箱請錄影。H&M 的客人辦理退貨，必須檢附開箱錄影才算數，我們的球鞋上也會加附鎖扣，防止少數缺乏道德意識的消費者在使用過後退貨。

現今我身上的所有的功力，靠的都是血淋淋的經驗累積。一開始我也會被客人騙錢，吃過不少悶虧。

早期做日本代購時，對帳方式還很陽春，都是簡單買個小本子抄錄訂單，客人匯款或轉帳結單之後，再去銀行將存簿交易明細表列印下來，逐條把客人匯款帳號的後五碼劃掉。買賣原本就是基於互信，原先這樣做也沒有出什麼問題；但後來發現，有人開始鑽漏洞，用一樣的匯款帳號後五碼重複騙了好幾次的貨，小本生意不堪損失，我才開始從教訓中學到經驗，改用電腦對帳，到後來事業體變大之後，已進步到採用虛擬帳號自動化處理，只要帳款進來，電腦就會自動對帳。

人生不可能總是一帆風順，失敗的經驗是非常有價值的，因為從失敗中成長，會讓我們更茁壯。

姐只想超越自己

★ Mavis says :

作個聰明的消費者與代購供貨者！

　　身為消費者同時也是代購業者的 Mavis，懂得將心比心，重視休我的消費權益。除了培養自己的判斷能力，更致力於為自己客人的消費安全把關。經由長期的經驗累積，培養出最佳改善方案，持續服務於 H&M 的客戶身上。

人生沒有十全十美，
只有更好更美

沒有最好，只有更好。

與其力求別人眼中的完美，
還不如追求自己的理想人生。

給 自 己 打 一 百 分

我 不 是 完 美 的 媽 媽

在生啾哥的時候，H&M 連個影子都沒有，我還經營著實體店面，老公也還是外商公司的工程師，我們各自在自己的工作領域拼搏著。身為職業婦女，我必須要把孩子帶去工作室，因為怕影響對客人的服務，也讓孩子可以有好睡眠，索性把孩子放在籃子裡，然後擺在更衣室裡。

我還記得當時一位客人帶著男友一起來購物，她的男朋友疑問，怎麼會有嬰兒的哭聲？猛地將簾子一拉開，脫口而出：

「怎麼會有人把 BABY 放在這裡？這裡灰塵很多欸！」

我永遠忘不了他當時的表情跟他所說的那句話。一直沒

覺得有什麼不妥的我，那時才驚覺，我怎麼會把小孩放在那？當下突然覺得自己的孩子好可憐，我不僅必須把他放在更衣室，連他睡覺醒來，我也沒辦法專心照顧他，我必須回覆客人的訊息，而且時間都回到很晚，有時候甚至到凌晨三、四點才收工回家。雖然我的店離我家的距離不遠，走個路就會到，但是三更半夜抱著這麼小的嬰兒頂著寒風走回家，還是覺得很心酸。

沒時間陪孩子是多數現代人必須面臨的共同問題。現在的家庭多半是夫妻雙薪，很多想要經營事業的朋友，不管男

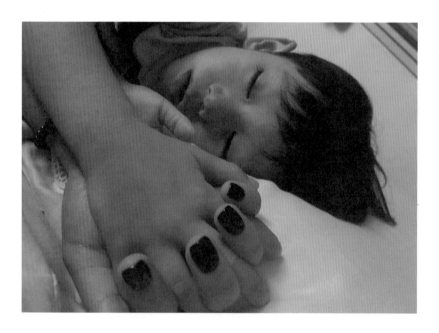

▲ 心疼我的寶貝兒子

姐只想超越自己

女，往往必須得在婚姻與親子關係之間拉扯，甚至必須要做「二選一」的殘酷犧牲。放棄很容易嗎？不，放棄真的很難，有時比選擇更難，但是，真能咬牙放棄其中一樣，問題就都能變好嗎？太多人生故事的前例告訴我們，即便放棄了婚姻，未必事業有成，而放棄了事業，也不一定就能保證有美滿的家庭。

我承認，自己走上直播這條路，在踏進去之後就回不去了。我不知道我會做這一行做到幾歲，但是卻清楚地知道自己會繼續一直做下去。我愛我的工作，但我也同樣深愛我的老公和孩子，這並不衝突啊！我都愛，只是佔比多少的問題而已。

人是沒有十全十美的。我很清楚在擔任媽媽的角色上，我並不是一個完美的一百分媽媽。自從有了兒子啾哥以來，我沒有一天放下工作。我必須要割捨陪伴孩子的時間，才能經營事業，這樣的我是沒有辦法完全將心思放在他身上的，甚至我可能人在他身邊，但仍在寫文案或跟客人聊事情。

有一次，節目邀來柯有倫一起進行直播，我跟啾哥說：「你可以問柯有倫叔叔五個問題，你想問什麼？」

小朋友的問題很天真，問的問題多數是：「叔叔你有沒

有刷牙？」或者是：「叔叔，那你有沒有小孩？」之類的小問題，我提醒他，還有最後一個問題可以問，他說：「那我想問柯有倫叔叔，『你愛你的小孩嗎？』」

「你為什麼想要問這個問題呢？」

「因為我覺得我的媽媽不愛我！」

「為什麼你會覺得媽媽不愛你？」

「因為媽媽都不陪我。」

小孩子的童言童語雖然很可愛，但是，也著實讓我知道了孩子的感受與渴望。當他表示：「沒有媽媽會不陪自己的小孩，所以我覺得你不愛我」的時候，我認為這是個機會教育的最佳良機，我告訴他：

「可是我有我自己的事情，你也有會自己的事情啊！對不對？我沒有陪你不代表我不愛你啊！」

姐只想超越自己

成為孩子的朋友

　　我是一個事業心很重的媽媽，所以我並不會把百分之百的時間都奉獻在孩子身上，我會讓孩子理解我的為難之處，也會盡量作出調整讓他不孤單，就算是我們遠赴美國出差代購直播，我們都會帶著他，並為他找當地的語言學校上課，讓他也能參與我們的事業，盡量做到陪伴與成長兩不誤。

　　很多爸爸媽媽都感慨孩子不懂自己的辛勞，無法體貼父母的難處，我認為如果我們光用嘴巴跟孩子說「爸爸好累」或者「媽媽好辛苦」，孩子是感受不到的，只有他也身在其中，孩子才能夠真正體會到媽媽不能 24 小時陪伴的理由，以及爸爸臉上寫滿疲憊的原因，反而能夠體貼父母的不周全。

　　一直以來，我跟孩子的相處模式不像母子，反而比較像朋友，我用一樣的高度和他相處，可能也因為這樣，他有點太成熟，像個小大人。我媽則說我們家是三個小孩，一個大人也沒有。雖然，啾哥到現在還是偶爾會說：「反正你就不愛我！」但我卻很安心，因為我知道這是他的一種撒嬌方式，並不是真的因為缺乏陪伴而受傷。

　　我鼓勵所有的媽媽不要放棄自己的夢想與事業。人家說，孩子是看著媽媽的背影長大的，我認為媽媽帶著孩子一起成

長也是 OK 的。所以我現在會創造孩子的事業心，讓他盡情去嘗試自己想做的事情，理解到什麼是事業，並藉此了解父母工作的辛勞。

孩子雖然年紀小，不一定能做些什麼，不要限制孩子自由發展，也盡可能不要給他們框架，讓他們從小就能做自己喜歡的事情。在耳濡目染之下，啾哥也開始經營起了自己的 YouTube 頻道，現在他不僅有自己的 YouTuber 帳號，也會拍攝影片上傳。在這些過程中，他可以體會直播與拍攝背後的辛苦並體驗可能發生的狀況，就能更理解身為父母的我們偶爾的「不得已」。

慢慢地，啾哥也開始將一部分重心轉移到「自己的事業」上，有時我叨唸他功課都不寫，他在乖乖寫完了之後，也會故做委屈地跑來跟我說：「我現在把功課都寫完了，我可以看一下我的點閱率是多少嗎？」他在公司對舅公說話沒有禮貌，舅公也不罵他，就只是笑著跟他說：「你再這樣我就要退訂了喔！」拿起手機作勢要關掉小鈴鐺，他就立馬就變得很有禮貌。我很高興，他開始懂得維護自己的「形象」，也有了自己想要努力的方向。

父母千萬不要小看孩子的創造力，現在是個孩子的想法能被實踐跟支持的年代。雖然啾哥現在還只是個八歲的孩子，

▲ 假日我會盡量陪伴孩子

但對自己的影片作品已經很有自己的想法。他說想拍樂高的影片，還指導剪接分鏡，希望下一個鏡頭，樂高用某種形式灑出來；也就是說，他開始有了腳本的意識，懂得規劃與分鏡。我深信，不管孩子想做什麼，從小到大在自己喜歡做的事情裡涵養，到長大之後早就經歷了超過一萬小時的練習，可以成為一方的專家了。

　　人生最有趣的地方就在於「意外」總是來報到，出乎意料之外，曾經因為孩子的出生打亂生活節奏的我們，目前正進行試管嬰兒植入的治療，在不久的將來，啾哥將會迎來妹妹，這樣的認知也讓他相對成熟許多。而當初對我喊著「你的人生毀了！」的媽媽，則是迫不及待小孫女的到來。我相信，這是上天給我的功課，也是另一個豐盛的禮物。

姐只想超越自己

Mavis & H

夫妻倆是最佳拍檔

「吵」是我們獨特的溝通方式

　　夫妻真的沒辦法一起工作嗎？當獅子女碰上金牛男，我們之間就是一個衝突的結合，每天不鬥個幾回還真不習慣，面對無時不刻的鬥嘴，我們樂在其中，享受頂撞對方的坦承暢快。

　　比如體驗旗艦店的佈置，他認為不要擋到 H&M 的招牌，我覺得無妨，便當著大家的面說：「你做好自己的事就好，其他的你不要管。」他則是回我：「我就是要管。」我們之間的互動，別人看來覺得很幼稚，但這是我們的情趣，不鬥一下就渾身不對勁。如果說兩人的感情需要磨合，那我們肯定是實打實的「身體力行」代表。

　　這麼吵好嗎？雖然人家說，相愛容易相處難，很多夫妻

不共事都每天吵了，更何況一起做事，等於是二十四小時都黏在一起，哪能不吵？夫妻能床頭吵，床尾和，是因為彼此夠瞭解，有足夠的信任，能知道彼此的底線在哪裡，才能盡情吵而不損及夫妻間的感情。

很妙的是，當我們未曾共事時，我們之間的吵架是史詩級的爭吵，直達我要跳樓而他要拿刀砍人的規模，但是決定在一起共事之後，反而沒有吵得那麼兇，當我們吵到一定程度，就會出現止損點，因為花太多時間在吵架上，對公司也沒什麼好處。

我們會設定今年要達到什麼目標、要做幾次直播、去什麼國家、要去幾次，我們都會有一個共同的目標在，訂好一個目標，然後齊心往那個目標走，就不會分你啊，我啊！因為我們都往同一個目標努力。

身為獅子座的我向來是不屈服也不道歉的個性，直到遇到我老公，這樣一路吵下來，對吵架這種事也磨出共識，演化出了一個「優化」夫妻情感的模式。我們都會知道什麼時候可以前進一點跟什麼時候要後退一些，彼此很有默契，知道進退的基準在哪裡，如果兩個人都不想退，那就吵吧，如果爭執過熱了就採取冷處理。

很多人覺得我們這麼愛吵，一定很情緒化，但是很妙的點在於，吵架之後，我們又能冷靜地討論出一個改良的方案。說真的，光吵架是一種浪費生命的行為，但既然我們都花時間吵了，總要吵出點收穫，不然吵心酸的嗎？所以每次吵架之後，我們就會發揮高度的理性去思考——下次如果我們又遇到同樣的狀況要怎麼解決，每經過一次衝突，我們就會得到一個解法，這也是我們為什麼可以「越吵越好」的秘密。

　　俗話說，婚姻是愛情的墳墓，但我經歷過無數煙硝之後發現——婚姻不一定是愛情的墳墓，我們還是可以有其他的選項。很多人認為夫妻一起共事就是婚姻走向情感破裂的開始。但是我們之間卻很神奇地成為了完整的互補。

　　可能是理工腦比較直，相較之下我會比較修飾，所以多數時候老公領的是「黑臉」的角色，而我就成了理所當然的「白臉」，我們共事的好處就是——不會同時失控，也不會把場面弄得太僵，除非是大棄單，我們才會同時會失控。我們不只是在工作上攻守互補，我們在親子教育上也有一個約定：不能同時失控。要是有一方真的失控了，另一個人一定要冷靜，所以如果我真的爆走了，我老公就會平和努力跟小孩講道理。

　　他知道我就是個衝衝衝的個性，而我理解他就是那個在

▲ 身旁總會有人跟我並肩同行

後面拼命拉著我不讓我衝過頭的人，但是不管是攻還是守，我們都是為了公司好。簡單來說，他比較像是保險絲或者是經紀人，是一個過熱會自動運作煞車機制的概念。在工作上我們曾經因為很小的事情吵到不可開交，所以我們就設下一條線，將職權做出區分，公司的人事以及營運管理就歸他，選品、行銷就歸我，有時候我選品會太嗨，容易會選超過預期的品項，他並不會限制我不能選，而是給我一個 Range（範圍），讓我去發揮。

界限的建立是需要夫妻共同去培養的，加上我夠喜歡我在做的事情，所以我不會去計較我分攤的東西會很累人，我也不會有在這家公司上班的感覺，他也不會覺得他在幫別人做事，我們是共同經營者，共同經營家庭、婚姻、事業，也共同經營我們的人生。在我心底深信，最美的愛情不是望著彼此，而是彼此望向同一個方向，我認為我們現在就是愛情最好的模樣。

不灑糖更甜

在愛情裡任誰都是甜蜜蜜的，哪對情侶談戀愛的時候不是甜到掉牙？雖然我們兩個，一個直男，一個豪爽，但是我們在結婚前偶爾也會撒嬌，現在聽到以前給對方的留言還會

起雞皮疙瘩。誠實說，他的浪漫不多，也不會用甜言蜜哄我，但金牛座的他會在生活細節中注意到一些事情，用他的方式讓我有安全感，我常可以在一些小動作上感受到他的貼心。比如說我常跑美國代購，但是當地的隱形眼鏡很難買到，他就會細心地幫我準備好放在行李中，我看到後還不解地問他：「幹幫我準備這個？」他說：「因為你會忘記。」當下讓我覺得好窩心，也很感動，雖然我們現在已經不撒糖了，但這種用心與關心比糖還要甜。

我是個很沒安全感的人，從小就嚴重匱乏。因為父母在我幼稚園中班的時候就離婚了，而我爸在他的人生中還陸續娶了三任老婆。父母的婚姻讓我對感情很沒有安全感。爸媽十八歲便生下我，還是很愛玩的年紀，常常不見人影，小時候我便跟爺爺一起相依為命，沒有什麼全家和樂融融的回憶。我對他們唯一的相處印象就是腦海中我站在床中間，他們各據一方，猛烈爭執畫面。

原生家庭的影響使我長大後對感情的經營也很沒安全感，常把心思專注在交往對象身上，會一直想「現在他在幹嘛？去了哪？」腦海會一直上演小劇場，因此，雖然談過幾段感情，但總以不太好的結果收場，直到遇到了現在這份怎麼吵都吵不散的緣分。

姐只想超越自己

其實能遇上老公，我一直覺得自己很幸運，也很感謝金門純樸的公婆讓我可以自在做自己。我跟我老公可以撐到現在真的不容易，我以前就是不能輸的那一種，或覺得「你怎麼可以對我這麼大聲」，甩門就走；也會很戲劇化地一個人騎車去河濱公園吹風，等人家來找我，一邊等還一邊在腦海中構想一堆畫面：等會他來了，我要怎麼做，我的對白是什麼，結果也沒有人來找我，只好自己默默回家。

他算是比較務實的那一種，吵累了就在家吃麵等我自己回來。現在，我們不會在雞毛蒜皮小事上爭吵，比較會吵工作上的事。回家之後，我們會各自待在不一樣的地方，也不會想要一直膩在一起，有時候明明在身邊，但是我們不會直接對話，會在 LINE 回話，問對方待會要吃什麼，有時候己都覺得好笑……以前總是有機會就會想黏在一起談心，可能是因為現在平常在一起的時間真的太久了，也對彼此有了足夠的了解，不再會特別談心，只會想抓住時間好好休息休息。現在的我們，有點像夥伴或者是同居人、室友，彼此擁有最舒服的空間。

對已婚人士來說，單身狀態或許真的是一種享受，但是現在就算是偶爾一個人獨處，還是會有種孤獨的感受，我可以感受到還殘存在我身體裡的童年陰影。

  Mavis 很想告訴打開書本的你，成長難免都有大大小小的擦傷，我們無法改變童年，但是可以改變現在。在認識我老公之前，我認識很多渣男，當時因為空虛，會想要把一個人的生活填滿，想要跑夜店，日子過得很吵很吵，讓自己感覺好像活得很熱鬧，好像只要這樣就是豐富的人生，但也因為這樣，周圍充滿了渣男。

  我想多數的女生一輩子都難免遇上幾個渣，如果沒有，那很幸運，如果有，那也不需要太傷心，果斷捨棄不對的人，瀟灑離開，然後專心在自己的事業上。當我們成就更好的自己，就會遇到更好的另一半，或者是讓彼此都更好。瞧！我不就是嗎？

姐只想超越自己

做最好的自己
—— 盡其在我

媽媽是最初的老師

　　媽媽是我人生當中的啟蒙老師，她是一位特別的女性，有別於傳統婦女，她的思維相當新穎、開明。媽媽在紡織公司上班，含辛茹苦撫養我長大，在五十歲的時候遇到了非常好的對象，她讓我知道夢寐以求的愛情真是有可能發生的，只是來得晚一點。

　　可能因為自己是過來人，她認為女生如果把心思放在男人身上，會跟著飄泊不定，但如果把心思放在事業上，事業會成長來回報你，但是男生就不一定了。所以她常跟我說：「你對男生好，男生不一定對你好，但是如果你很努力工作，事業一定會給你回報。」我相當認同媽媽的話，時間花在哪裡，成就就在哪裡，H&M 的誕生就是最好的驗證。

　　我們一直都很努力把自己的事業做好，但從來沒有想過自己有一天能夠跟財團競爭，只在自己的領域默默耕耘，直到最近一次比較大的跨越跟認定，讓我們意識到自己已經可以在代購與電商界穩穩立足了。

　　2021 年雙十一的時候，H&M 在電商熱度排行榜上落在全台灣第四名，位列我們前面的，都是 MOMO 跟東森這種資金龐大的知名電商公司，H&M 能排在 PChome 前面，可說是一大突破。這讓我們體認到了，原來小蝦米能與大鯨魚並列，甚至可以打敗大鯨魚！

　　很多人聽到直播會覺得很 LOW，直覺不是裸露、腥羶色，就是罵髒話、騙錢之流，有強烈的負面刻板印象。然而我們想扭轉大家對直播銷售的偏見，我們的公司的產品以直播銷售為主，但卻是很真實的，我們希望能讓大家知道，直播也可以很有質感。我們真的具備流量、實實在在，是個營運穩定的公司，想透過直播帶大家出國去看一些不一樣的東西。

全方位出道

　　拼命三郎的我們，不斷提升自己，眼前的流量是有了，但可能還缺了一點點聲量，需要更多人認識我們，而我擔任

姐只想超越自己

公司的招牌人物，所以老公自然成了最佳推手。我們之間吵歸吵，老公仍算是這個世界上對我抱以最高認同並欣賞的人，簡直就像我的經紀人一樣，一直想把我 push 出去，不但幫我規劃出唱片、也洽談電影演出，完全沒有想讓我閒著。他的個性嚴謹又很守秩序，很多事情他可以順其自然，但都走到這裡了，不做嗎？做！我老公就是覺得情況可以就果斷前行的人。

「我又要懷孕又要簽書，又要跑唱片通告，還要拍電影，請問我怎麼辦得到？如果軋不過來怎麼辦？」我開始感到焦慮。

「就順其自然啊！」他一副泰然自若。

雖然我是顏質與實力擔當，但是面對這麼充實的計畫，還是感到有點吃不消，我壓力真的很大，忍不住跟老公說：「你真的覺得我是小叮噹嗎？」

雖然知道老公是為我好、為公司好，但是 Loading 真的有點超標，我那天跟媽媽吃早餐的時候忍不住落淚了，後來經過媽媽的善意提點，表示我又要懷孕又要做這麼多事，真的壓力太大了，對媽媽跟寶寶都不好，老公才稍稍罷休，開始讓我也順其自然。

　　「被討厭的勇氣」正是我現在在學習的。直播算是一種隨時面對公審的行業，很多人喜歡代購，但是不一定會想要活在別人的目光下。我們不可能讓每個人都喜歡自己，因為有人喜歡你，就有人不喜歡你。關於這一點，我自己也隨時在調適。我覺得可能是因為我夠喜歡我的工作吧！想要做代購一定要對這個行業有所熱愛，因為過程中需經歷千錘百鍊，你必需克服自己的關卡，同時要面對外來的壓力。

　　尤其是面對同行攻擊時會特別難過，明明自己是拿正品賣還是會被莫須有的攻擊，MK 有改版，設計有改款，就會有人來質疑為什麼新版跟舊版不一樣，如果心智不堅定，面對層出不窮的狀況，很容易產生自我懷疑。在市場上擁有聲量是大家所羨慕的，但我們反而做事情更加小心謹慎，畢竟網路的傳播速度飛快，可以一夕之間把你拱上天，也可以一瞬間就把你摔在地板上。我媽叮嚀我：「現在你這個人大家都知道，你的一舉一動都會被大家放大檢視，更要愛惜羽毛。」

　　當流量到達一定程度後，我們的生活產生了實際變化。現在我們只要走出去，被認出來的機率還蠻高的，甚至辨識度要比很多藝人還要高，因為直播它不是什麼節目，它也不是偶像劇，卻很貼近生活，可以說突破了年齡層的限制，受眾接受度高，有點像是生活中的陪伴。有一天，我和老公深夜十一點叫了 Uber 要去按摩，我們兩個就坐在車後座聊天，

聊了大概十五分鐘，停車的時候，司機突然轉過來問我說：「請問你是 Mavis 嗎？」

「對啊！」我當下愣了一下，我剛剛應該沒有講到自己是誰吧！

「我沒有看到你的節目，但是你的聲音真的是太好辨認了！你的笑聲跟你講話的時候，都跟直播上一模一樣，我老婆每天都在看你們的直播，雖然我都沒有在看，但是我一直都有聽，我一聽到你的聲音，就知道是你們了。」

「不好意思，你會不會覺得我們的談話不大營養？哈哈哈！」沒想到我的辨識度這麼高，突然間被認出來有點不好意思，尤其自己聊的是一些芭樂小事。

「不會啦！不會啦！我老婆很喜歡你們。」司機覺得我們很真實，親和力很好。我給他最高規格的服務評價，五星點讚跟小費，給好給滿。

竟然有陌生人聽到我的聲音就認出我來？這大概就是紅了吧！很多人問我：「紅了是什麼感覺？」其實，沒有太大的感覺，因為我們還是從一而終做自己，如果要說最大的差異，應該是關注度變高所帶來的「高環境敏銳度」，我們全

家人都能從生活中深切感受到人氣的差異。有藝人的特質的人處於這樣的狀態之下，是舒適的，有些人則是會覺得私生活會被打擾。

免不了我們去銀行、吃火鍋、搭車都會被認出來，偶爾我們會擔心啾哥，不想讓他的學校曝光。的確，從一般民眾變成公眾人物會有一點生活上的困擾，也會不自覺的有偶像包袱。但也不是都沒有好處，偶爾我們也能因此享有巨星級貴客禮遇，甚至會有人主動幫忙打折。

直播這件事對我們家的影響不能說不小，畢竟我們等於半個公眾人物。連啾哥都開始有了「偶像包袱」。

有一次他在大佳河濱公園騎腳踏車的時候，正大口咬麵包，眼角餘光掃到旁邊有個阿姨拿起手機，他立刻放下手中的食物說：「媽媽，她好像認識我，我不吃了。」另一次，啾哥和阿嬤在外面玩，他正在吃饅頭，吃著吃著就突然跟我媽說：「我不要吃了！」阿嬤問他為什麼，他說：「我覺得那個人好像在拍我。」

他開始會眼觀四面，耳聽八方，留意環境裡的人事物。啾哥畢竟還是個八歲的孩子，有時候難免有讓人理智斷線的時候，若是當場客人認出我，差點罵出口的「你給我乖乖坐

　　　　　　　　姐只想超越自己

好！」就會變成「那寶寶你要乖乖喔！」就連我要罵他的時候，他也會跟我說：「你不要忘記你是 Mavis 喔！」

是真愛，就能克服萬難

在直播上，我是活潑開朗，話匣子打開就不會停的 Mavis，但很多人不知道，我其實有人群恐懼症，我不喜歡逛街，常常會規劃好購物路線，速速完成採買就回家。當我一個人在外逛街會很沒有安全感，因為漫無目的，會感到心慌；但如果目標不同就不一樣，工作模式就是工作模式，我區分得很清楚。

「你開玩笑的吧？一點也看不出來！」對，看不出來，但確實存在！我在直播上談笑風生，在鏡頭前面也能侃侃而談，但只要面對真人，我就容易緊張，會害羞，想要跑，我以前跟人講話眼睛沒有辦法直視對方，店員跟我講話，我會假裝打手機。

所以，如果我遇到很熱情的客人，我會很害怕，如果可以避開我會閃開，但碰到一直想要認出我的客人，我就會直接說：「對，我就是！」澄清只會越描越黑，我通常不做解釋。

　　所有的一切，只要源自於夠喜歡，都值得拿現在的不舒服去交換。當你沒有勇氣往前，就要找回初衷，找到一個願意割捨跟妥協的理由。

　　我也不喜歡我的每一分生活都被看透，但是我需要高聲量，有時候我不得不曝光一些私生活。

　　有時候，被人家說嘴會覺得心很累，但是，就只有那一下子，接下來就開始想我要上什麼東西，寫什麼文章。唯有對直播代購有充分的熱情，熱愛到可以先把那些影響自己的聲音放在一邊。如果這不是真愛，什麼才是真愛？

姐只想超越自己

3.4
Keep going !
持續勇敢前進

走走走，走才會出名！

你就是要持續一直走，一直往前進，
這樣你永遠會比當下進步，成為更好的自己。

—— Mavis 的媽媽

築夢踏實，
一步一腳印

很多人認為我年紀輕輕就能有現在的成就，一定是家世背景雄厚；很抱歉！我必須打破大家的美好想像，再次重申——我不是富二代，我完全是白手起家！

小時候，我跟爺爺奶奶住在一起，由他們照顧我長大。爸、媽離婚之後，媽媽很努力到台北工作賺錢，希望能接我一起住。在我小學一年級時，才搬到台北，和母親一起相依為命。

媽媽開過服飾店，我從小耳濡目染，在接觸各式服裝的環境中滋養，培養出了穿搭的美感。小時候最喜歡披披掛掛扮演古裝，將掃把也變成現成的道具。後來母親投入到紡織業，經努力經營，生意頗有規模，也有了不錯的營收，所以她買了 GUCCI 的書包送給我。

　　從小媽媽便鼓勵我去做我想做的事情，也願意支持我追夢。她認為應築夢踏實，真的想做就要用心做，她一定挺我到底。只要我能展現出決心與行動力，她一定會站在我身邊支持我；但如果不是，她也擺明了不可能花時間金錢陪我玩小孩子遊戲。

　　我一直很感恩老天讓我成為媽媽的孩子，如果不是因為媽媽，我不會是現在的我。

　　這世界瞬息萬變，當元宇宙崛起之後，人們才意識到世界變化的速度已經超越了光速，而電商從以前到現在的面貌也一直不斷在改變，現在流行什麼就要做什麼，就算是隨波逐流也得跟上腳步。畢竟未來的事情誰都說不準。

　　我也曾經擔心，電子商務不知道能夠做多久……但朋友的一句話，頓時有如醍醐灌頂：「有差嗎？如果以後臉書不流行了，不管當時流行什麼，你還是會跳到那邊去啊！」這才讓我恍然大悟。的確，我們向來會跟上時代變化的腳步去因應調整，只是，這種市場趨勢的變幻莫測，必須要有足夠的敏銳度才能跟得上。

　　　　　　　　　　　　　　姐只想超越自己

▲ 謝謝媽媽一直以來的支持

人生的優先順序

　　我覺得可以一直做自己喜歡的事情是很幸福的事。有願意支持自己的家人以及願意一起並肩朝共同目標努力的另一半，更是幸運。但我想跟讀者朋友以及喜愛 Mavis 的大家分享，如果你已經找到自己很喜歡的工作，周遭環境卻不支持你，也不要輕易放棄自己的最愛；就算過渡期必須先做些其他事情，也沒關係。近年的疫情讓很多人生意受到影響，我有一個朋友對美甲很有熱情，但在疫情期間選擇去兼差跑 Uber，一天跑九十趟、一百趟，賺到的幾千塊再拿去 cover 開支，為的是要讓自己喜歡的美甲產業可以繼續經營下去，針對這點，我由衷的感到敬佩。

　　媽媽常勸我：「你現在的成就得來不易，務必要珍惜自己的羽毛，潔身自愛不能毀掉自己。」

　　我媽大多數時候是家中最冷靜、最沉穩的那一個，只有在我懷孕的時候，氣到對我大喊：「你真的毀了，你人生毀了！」我想，或許人生最有趣的地方就是在於充滿不確定的變數。誰能想到現在，我媽會跟我嚷著：「好期待你生個妹妹啊！」

　　「我不要再生了，我要工作！」

「你要想清楚啊！每個人的人生中都有第一名、第二名、第三名，大家都是以家庭、小孩為重心，人生關鍵事務的重要順序，你可得想清楚心目中的第一名究竟是什麼！」

「當然是工作啊！」我不假思索地回答。

我的人生第一名就是工作，雖然我還是很愛我的小孩跟老公，但我就是強烈的感到我心目中的第一名是工作。

現在「眾望所歸」的妹妹在我的肚子裡成長，我也很擔心懷孕的自己要怎麼直播？能不能勝任負荷量這麼大的工作？但有一句話是這麼說的：「人們所煩惱的事情有百分之九十都不會發生。」直播這一行是個變動很大的行業，面對變化的焦慮，我能給大家的建議是——將時間花在把事做好。身為直播主的我們都是有影響力的人，千萬不要小看自己。當我們找到自己喜歡做的事情，決定好人生的優先順序之後，只要一心一意往目標前進，那麼不管未來會發生什麼事情，現在的自己永遠會比過去的我們更好。

第一不是用來膜拜的，而是用來超越的。
你找到你心目中的第一名了嗎？

04

Possibilities
精彩人生
又一章

HALO MAVIS

4.1

相信自己
還有無限可能

當 Mavis 變成了 H&M，

我的「另類」人生才正要開始。

Mavis & H

勇敢跨出去，
迎向下一個精彩

在直播這個領域裡，我已經算得上是經驗豐富的「資深老人」，多年經營也小有一番成績，H&M 的成立對我的人生與事業來說更是一個大躍進，保持在高峰與不斷突破是我對自己的期許，成為創業家與外子攜手成立 H&M，意味著我有更多的底氣可以創造出更多的可能。

對於人生，我思考的永遠是——「我還能夠做些什麼？」

不跨出去永遠不知道人生的下一個階段將迎來什麼樣的轉折與精彩。

原本忙於直播與代購的豐盈生活，滿檔的行程與快速的節奏已經超越正常均值，事業拓展更是讓時間的利用達到一個峰值，此時我選擇的不是稍作喘息，而是在穩固的直播事業之外疊加不同的角色，讓人生更加精彩。我希望走出自己

的舒適圈，開創不一樣的未來，我很幸運地擁有一個相信我
也支持我的先生，在他的規劃下，我正式跨足演藝圈，開始
歌唱與演戲的事業。

許多觀眾可能認出我是早期「黑澀會妹妹」的成員之一，
那是我第一次短暫接觸演藝圈，當時顧及我還是個大學生的
身份，應當以課業為首要的考量，所以，我並沒有繼續留在
演藝圈發展。

現在重返睽違已久的演藝圈，發行自己的第一張 EP，等
於是以全新的姿態重新回到螢幕前，我心中不免忐忑。同樣
是面對鏡頭的工作，當直播主與當藝人之間卻有著天壤之別。
正所謂「隔行如隔山」，即便自己已經是資深直播主，對直
播流程十分嫻熟，但在歌手與唱片界，我卻是個徹頭徹尾的
「萌新」，一切都要重新適應。

首張 EP 問市：買起來！

Mavis 很高興在 2022 年發行了自己的首張 EP，這是由張
傑老師及子新老師一起合作操刀，收錄了三首曲風迥然不同
的歌曲。第一首是快歌《買爆它》、第二首《愛就都加一》
則是輕快的旋律，第三首《微光》則是抒情歌曲。風格迥異

▲ 我的首張 EP 問世啦！

的三首歌是我對自己的突破，也是對演唱者詮釋功力高難度的考驗。

坦白說，我在錄音間裡受到不小的打擊，畢竟我對自己在歌唱上有一定程度的自信，自認就算稱不上天籟也還能算是歌聲曼妙，但在錄音室唱歌不比在 KTV 或尾牙場，必須要達到更專業精準的要求，反覆錄製與重唱更是一種日常。一首歌的出品，背後的辛苦超乎常人想像。

縱使歌手在錄音間錄歌的身影看起來十分帥氣，但當我親自在錄音間錄歌卻曾經一度錄到快哭出來。錄音是要站著唱的，就算天王、天后也一樣。還記得當時錄製歌曲前後已經站了大概四個多小時，身體無比的疲累，嗓子更是唱到快要「燒聲」，但張傑老師還是要求我要一直唱，不能停，直到收錄品質滿意為止，那是一種身體與意志極限的考驗。

我反覆一遍又一遍的唱著，不明白自己為什麼要堅持一直站著，不明白已經到達臨界點的我怎麼能夠一直站著？感受到自己的雙腳微微顫抖，我還是堅持一直站到最後，喊停的那一刻，瞬間我的眼淚在眼眶裡不停打轉，此時我才明白──原來錄一首歌得要用盡全身的每一分力氣。

沒有一個行業是不辛苦的，但我相信辛苦的眼淚從來都

姐只想超越自己

不會白流。當聽到自己的作品從耳機中播放出來的那個霎那，流下的又是不一樣的眼淚，那是與當初自己走進錄音間時截然不同的聲音，瞬間心中盈滿了成就感，當下覺得站那麼久是值得的，辛苦換來的是甜美的成果。

　　EP 錄製完不代表一切就結束了，後續還有 MV 的拍攝與宣傳。在 MV 拍攝的過程中，也得到了很多不同的體會與成長。我很開心自己的首張 EP 便邀請到陳零九以及沈玉琳大哥等知名藝人一起合作。其中與歌手陳零九的合作是相當新鮮的體驗，因為他是一個斜槓歌手，本身也經營很多事業，包括手搖飲以及服飾等。如此說來，我們也算是背景相似，有很多共同點，也因此特別有話聊，我們常有機會交流彼此在電商方面以及 EP 的製作與想法，Mavis 非常期待未來能有近一步的合作機會，相信一定能激盪出不一樣的火花。

成 為 M V 女 主 角 ── 放 過 自 己 的 開 始

　　若說身為直播主轉換身份當藝人最大的優勢，大概就是面對鏡頭的自在程度超過一般人吧！但真的可以自信的說自己都不會緊張嗎？怎麼可能！當然會！我拍 MV 的時候真的非常緊張，因為自己從來沒有拍過 MV，而且 MV 是對著鏡頭演，導演喊三！二！一！就直接開拍了，必須隨時進入狀況，

完全沒有喊「等一下」的空間。我除了擔心自己無法「秒切換」演出，拍攝時我也會擔憂自己的表現不夠好，所幸我面對鏡頭並不害怕，配合度高，我相信這一點跟直播的訓練有相當大的關係；過去直播累積的經驗讓我在面對鏡頭的時候游刃有餘，導演的拍攝工作也相對順利，對於我的首片 MV 表現給出不錯的評價。

在拍攝 MV 的過程中，我非常感謝導演的提點，讓我對角色的切換有了新的認知，也學會了放過自己。我本身是個不愛麻煩人的人，可以說親力親為就是 Mavis 的標準配備。在日常生活中，我能夠自己做的事絕不假手他人，在直播的時候更是習慣包山包海，從選品、寫文案到播錄，什麼都自己攬起來做。

拍攝 MV 的時候，當我對劇組表示服裝跟梳化我都能夠自己搞定的時候，導演心疼地對我說：「你真的太誇張，這樣真的會累死。」他相當擔心我的情況，提醒我 MV 的拍攝不同於直播，希望我能夠放慢腳步，好好去做這件事，而不是踩著像直播一樣的節奏前進。於是我學會了放鬆，也學會放下，真正感受到自己「跨出去」了！

別 想「 能 不 能 」
只 想「 要 不 要 」

　　永遠優先決定自己「要不要」，不需思考「能不能」。因為，只要想要，一定能成。

　　許多人認為直播主跟當藝人相距不遠，不過是換個地方繼續同樣的工作，但其實，每個行業都有背後不為人知的辛苦必須經歷，每個角色都有不同的挑戰必須克服。即便我是個相當擅於面對鏡頭，在鏡頭前可以泰然自若表現的人，但我的生活不可能永遠在鏡頭前面，更何況直播面對的客群跟當歌手面對的聽眾完全是天南地北的兩碼子事。

現 場 表 演 —— 突 破 社 恐 的 自 我 極 限

　　在直播節目上看起來很「社牛」的我，其實是典型的「社恐」，鮮少人知道我有人群恐懼症，空間裡大約五、六個人

已經是我能夠擔負的上限。但是平常做直播的時候，因為不知道誰在鏡頭前面看自己，所以沒有任何壓力，即便有上萬人在觀看，我看到的只有鏡頭，哪怕觀眾對自己的觀感不好，有所批評，認為我穿著不好看，或者妝容不入眼，我都感受不到，所以可以很自在地表現，並不會因此受到影響。觀眾在平台看到的是侃侃而談，泰然自若又搞笑的 Mavis，但換作是現場表演的話，那又另當別論了。

　　直接面對觀眾的衝擊是鮮明且影響巨大的。記得有一次我新歌宣傳的場地選在一間知名夜店，當我在台上表演的時候，底下有超過千名觀眾，雖然都是來挺自己的粉絲，我卻超級緊張，完全笑不出來。因為表演的好壞立刻能夠收到回饋，從舞臺上便可以一眼辨識出觀眾的表情與反應，大、小細節都令人無法忽視，難免會影響到自己表演的心情，這也是目前我最需要克服的事情，舞臺跟觀眾就在那裡，我必須克服恐懼，才能讓他們看見我的努力。

　　上天終究不會辜負努力的人，你有多努力，舞台就有多大，在今年跨年演唱會站上舞台的那一刻，我知道自己已經蛻變！

　　　　　　　　　　　　　　　　姐只想超越自己

肢體障礙者的舞蹈演出
—— 慢慢進步就是成長

　　除了熬過錄音間的磨練、訓練 MV 拍攝的瞬間入戲，克服面對人海的壓力之餘，身為全方位藝人另一件要挑戰的就是舞蹈表演。坦白說，直播能做得有聲有色並不代表跳舞就能姿態曼妙。

　　在一開始錄製歌曲的時候，我便向團隊表明：自己有嚴重的肢體障礙，手腳不如一般人協調，跳舞真的是我的罩門，希望能夠盡量避免太過複雜的舞蹈動作演出，而團隊也相當體恤我的情況，承諾不會讓我「跳舞」。然而在準備歌曲記者發表會的時候，張傑老師為顧及現場的氣氛，仍舊建議我要準備舞蹈表演，雖然我知道自己的短板在哪裡，但那絕對不會是我用來逃避挑戰的藉口，只要是對結果好的，我都願意全力配合，再難的事只要需要做，我都只告訴自己——「只要願意，我一定可以！」

　　每個人都有擅長的地方，雖然我肢體協調度天分不高，至少我可以勤能補拙，就算要花比別人更多的時間與精力才能做到和別人一樣的程度，我也從不退卻。越是這種時刻，我那獅子座 A 型的性格就越明顯，既然先天不足，那就靠後天來努力。於是我花了很多的時間與精力投入在舞蹈的練習，

▲ 2022 年參加桃園跨年

姐只想超越自己

舞蹈老師也相當辛苦陪我一起一遍又一遍地跳，直到我能熟練，達到效果，舞蹈老師對我表示：「你不是最差的，當然也不是最好，但仍可以慢慢進步。」光是這幾句話，對我來說已經是最棒的肯定。

走上演員路
—— 在不同的人生專注自己的角色

我以為衝刺直播事業的行程已經夠滿檔了，不料成為藝人的生活更加忙碌，充分體會到分秒必爭是什麼感覺。

一開始錄音的時候，我常覺得好疲累，累到爬不起來，但不管是做直播還是跨足演藝圈，我一直秉持著「莫忘初心」的初衷，時刻提醒自己這麼努力的理由。回想當初做這件事情的起心動念，讓我無論疲累的身軀有多重，都能鼓起勇氣坐起來，然後起身去做自己覺得很困難的事情。

無論再累，都要找到讓自己爬起來的力量，我覺得這股衝勁是很重要的，就像我現在拍電影的感受一樣，因為我清楚為何而做，再困難我都會克服，再累都不缺席。

拍戲最難的地方並不是當下的演戲表演與表情，而是當

表演結束之後，要快速將自己抽離，回到自己是直播主的狀態，專心做自己直播主的工作；然而完成直播之後的下個星期，自己又要調整回到演員的狀態去演戲，角色切換的個過程非常艱難，也很煎熬。

我認為，角色轉換之所以困難不在於技巧，而是個性使然。對獅子座 A 型的我來說，做事情的態度是「既然要做，就要做到極限，不能隨便敷衍」。

所以，當我回到演員的角色時，會希望成為劇中的那個人，為角色發聲，我期許自己讓觀眾看到的我就是我所飾演的那個人，是我角色的那個名字，而不是做直播的 Mavis。

成為演員讓我體認到，演什麼要像什麼，過什麼樣的人生就要有什麼樣子，不能錯位。這讓我學到了，不管做什麼，都必須專注其中，把自己拉回當下那個角色的狀態很重要，這一點，我也一直在學習當中。

Challenges

因為超越自己
才能
為人生增添精彩

HALO MAVIS

後　記

因為超越自己，才能為人生增添精彩

　　直播是我的最愛，更是我一輩子的職志，我始終走在直播的大道上，不管今後大家在 Mavis 的名字後面看到多少不同的身分，直播永遠是我的核心本業，就算是跨足演藝圈以歌手的身份發行 EP，主題也圍繞著 Mavis 的個人品牌與直播。

　　目前發行的第一張 EP 歌曲著重在讓大家能夠認識我，了解我所做的事情，接著的第二張 EP 則希望以直播主的身份做延伸，告訴大家我如何挑選商品，我的眼界可以帶大家到哪邊。一如初衷，無論是藉由直播鏡頭帶著大家一起，還是現

在藉由音樂的方式，我都希望能夠表達自己「走出台灣，看到國際」的意念，這也是我一直在做的事。

　　擁抱最愛是最幸福的，無論我選擇在自己的人生中添加多少豐富精彩，都將回歸到直播主的身分，因為這是我的事業與職志；但我並不滿足於待在舒適圈，這就像代購選品一樣，我不會一直待在安全區域中販售我覺得好賣的東西，我會持續開發、不斷嘗試，販賣更多與眾不同的商品，替客戶找到最好的東西。

　　同樣地,對於我的人生,我也抱著如同選品一樣的態度,會不斷地嘗試,不斷地挑戰與跨越,做更多與別人不一樣的事情,創造出更多可能。寫書、出唱片、拍 MV、錄製訪問與電影的拍攝,這些對我來說都只是人生記錄中彩筆揮灑的其中一筆,這一生還有無限大的空間有待我去填滿。

　　對我來說,人生大部分的選擇過程,無論是找工作、找伴侶、找學校,甚至找自己就像是我從事代購選品一樣,不斷嘗試才能找到最適合自己的定位與職志,不斷突破才能找到更適合自己的選項,提升自己的人生經驗值。

希望能藉由這本書鼓勵所有讀者朋友，以及喜愛 Mavis 的朋友與客戶，勇於嘗試挑戰，在找到自己的熱愛之後，做到極致，讓它成為自己的底氣與自信，然後跨出舒適圈，為自己增添光芒與色彩。就像 H&M 與直播現在已經成為我深厚的底氣一般，除了企業家，歌手、舞者、演員的身分，我相信在未來，Mavis 會讓大家看到更多的不可能成為可能。

　　同樣的，我也相信翻開這本書的你，在往後的日子裡，也能開創屬於自己的一片天，用精彩填滿人生的每一頁。

2023 韓國 保濘泥 音樂祭 演出

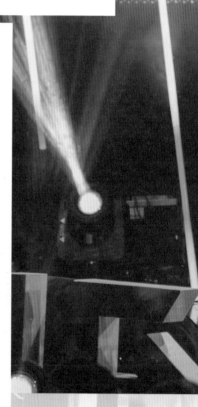

2023 金雞獎 新人推薦活動現場

SINGING

2023 高雄 Digi wave 音樂祭 演出

【渠成文化】Pretty life 017

姐只想超越自己
SHOPPING QUEEN 的勸敗人生

作　　　者	瑪菲司（Mavis）
圖書策劃	匠心文創
發 行 人	陳錦德
出版總監	柯延婷
執行編輯	李少彤
校對協力	燒番麥
封面協力	L.MIU Design
內頁編排	邱惠儀
E-mail	cxwc0801@gmail.com
網　　址	https://www.facebook.com/CXWC0801
總 代 理	旭昇圖書有限公司
地　　址	新北市中和區中山路二段 352 號 2 樓
電　　話	02-2245-1480（代表號）
印　　製	鴻霖印刷傳媒股份有限公司
定　　價	新台幣 380 元
初版一刷	2023 年 12 月

ISBN 978-626-97301-3-1

國家圖書館出版品預行編目（CIP）資料

姐只想超越自己：SHOPPING QUEEN的勸敗人生
/ 瑪菲司（Mavis）著. -- 初版. -- 臺北市：匠心文
化創意行銷, 2023.12
　　面；　公分.
ISBN 978-626-97301-3-1（平裝）

1. CST：網路購物 2. CST：電子商務
3. CST：創業

498.96　　　　　　　　　　　　　112013195

Shopping Queen

ON STAGE

2023 · DIGIWAVE · KAOHSIUNG